Das Heizöl (Masut)

Von

E. Davin
Mécanicien Principal de la Marine

Deutsche Bearbeitung
von
Dr. Ernst Brühl

Mit Geleitwort von Prof. Dr. Fritz Frank

Mit zwei Textabbildungen
und drei Zahlentafeln

Springer-Verlag Berlin Heidelberg GmbH
1925

ISBN 978-3-662-31449-4   ISBN 978-3-662-31656-6 (eBook)
DOI 10.1007/978-3-662-31656-6

Zum Geleit!

Die heimischen Zollbestimmungen verhindern unter normal verlaufenden Verhältnissen eine starke Entwicklung der Anwendung von Heizöl in Zollinlandsbetrieben. Nur in vereinzelten Betriebsarten ist es möglich, dem Heizöl neben der Kohle oder dem Gas (Generatorgas) einen wirtschaftlichen Wettbewerb zu ermöglichen. Ob es dauernd angängig sein kann, der Entwicklung diesen Zwang zu bereiten, wird wohl in erster Linie von der Gestaltung der Kohlenpreise einerseits und andererseits von der Ausbildung der Kohlenstaubfeuerung und der Kohleverflüssigung abhängig sein. Auch die Technik der Vergasung geringwertiger Kohle dürfte ihren Einfluß geltend machen, wenn auch nur da, wo die Beseitigung der Schlacken- und Aschenberge ihr nicht die Aussicht versperren.

Die Schlacken und Aschen werden aber immer lästiger und es drängen die einfachen Verteilungs- und Lagermöglichkeiten, die restlose und rauchschwache oder rauchfreie Verbrennung, die leichte und zuverlässige Regulierung der Feuerungen immer mehr zu Erwägungen über Ölfeuerungen. Es sei nur auf die Befeuerung der häuslichen Zentralheizung mit Öl hingewiesen. Welche Entlastung der Straße und welche Unabhängigkeit von der Aufmerksamkeit der Bedienung und dadurch Ersparung an Nationalvermögen — Kohle — wäre so zu ermöglichen.

Der Gesichtspunkte sind also genug, um es zu rechtfertigen, daß ein Sonderbüchlein über Heizöle die Bekanntschaft mit diesem so wichtigen Stoff weiter vermittelt. Die Übernahme des Buches von Davin, „Le Mazout" aus dem Französischen ist deshalb seinerzeit von mir angeregt und von dem Verlag eingehend verfolgt worden, weil Davin wirklich aus der Praxis für die Praxis spricht. Er erscheint sachlich, neben den bereits bestehenden Sondermitteilungen über dieses Gebiet und seine Anwendungsarten diese leichtere Übersicht zu geben.

Der Übersetzer ist zunächst möglichst eingehend dem Original gefolgt und nur da, wo für unsere Verhältnisse Abweichungen erforderlich sind und Erfahrungen anderes ergaben, hat er Eigenes hinzugefügt oder ist vom Urtext abgewichen. Es ist erwogen, ob diese Abweichungen nicht noch weiter ausgestaltet werden sollten, doch erschien dies jetzt und bei der ersten Ausgabe nicht angezeigt. Das Formelmaterial ist eingehend richtig gestellt von Herrn Dr. Brühl, die Lieferungsbedingungen sind revidiert und einige analytische Angaben vervollständigt und erweitert.

Ich glaube daher annehmen zu dürfen, daß das Büchlein in der vorliegenden Form eine fühlbare Lücke auszufüllen vermag und der wirtschaftlichen und technischen Entwicklung des Befeuerungswesens nützlich sein kann. Es vermittelt vielerlei wichtige Einzelheiten über Bewegung, Lagerung, Prüfung und Anwendung der Heizöle aus Erdölrückständen, und es darf wohl Herrn Dr. Brühl wie dem Verlage Dank für die Sorgfalt der Überlieferung und Ausstattung ausgesprochen werden.

Es ist mir daher eine besonders angenehme Pflicht, hier Geleiter sein zu dürfen.

Berlin, im Dezember 1924.

Prof. Dr. Fritz Frank.

Inhaltsverzeichnis.

1. Einleitung.

Das Thema „Masut" (Heizerdöl) ist ein sehr ausgedehntes und in dem hier vorgesehenen Umfange nicht zu erschöpfen. Das Heizerdöl wird hier nur als Kesselheizstoff betrachtet, ohne Rücksicht auf seine Verwendung als Treibstoff und zwar hauptsächlich bezüglich einiger besonders interessanter Punkte, die bisher im Dunkeln gelegen haben, aber für die Prüfung, Anwendung oder Manipulierung wichtig erscheinen.

Die in Frage kommenden Apparaturen sind bereits in zahlreichen Büchern beschrieben worden, von denen die wichtigsten am Schlusse angeführt sind. Es erscheint daher unnütz, sie noch einmal aufzuzählen und zu beschreiben und ebenso nochmals alle Untersuchungsmethoden anzuführen, die man in Wirklichkeit nur im Laboratorium praktisch lernen kann und die im übrigen in den verschiedenen Ländern verschieden sind. Mancher Apparat, dessen Anwendung z. B. in Frankreich vorgeschrieben ist, ist in den großen Produktionsgebieten und in anderen Verbrauchsgebieten völlig unbekannt.

In diesem Sinne kann man als „guten Apparat" für Analyse oder Gebrauch nur den bezeichnen, der in der Laboratoriumspraxis bzw. in der Industrie oder im Seewesen besonders oft Verwendung findet.

2. Namen.

Das tartarische Wort Mazuthta („Fett") kommt von dem russischen Wort Mazath = fetten, einschmieren. Aus Mazuthta hat der Gebrauch Masut gemacht. So wurde der Stoff genannt, den man früher in Transkaukasien anwandte, um die Wagenräder zu schmieren: Schweres Erdöl aus kleinen Ölbrunnen oder Naturquellen der Umgebung von Baku.

Das Wort Naphtha war auch den Tartaren bekannt, welche die Ölquellen von Balachani bei Baku ausbeuteten. Die Ureinwohner des Kaukasus bezeichneten besonders mit Naphtha ein leichtes Erdöl, das zur primitiven Beleuchtung diente, während sie Masut, das schwere Erdöl, zu Wagenschmiere verwandten. Später wurde den Destillationsrückständen der Bakuer Fabrikation der Name Ostatki gegeben. Zum ersten Male und zwar 1867 wandte der russische Ingenieur Spakowski Masut zur Kessel-erhitzung bei Lokomotiven und Schiffen an. Die verschiedenen Bezeichnungen in den wichtigsten Ländern sind folgende:

> Masut oder Ostatki in Rußland,
> Pacura in Rumänien,
> Rückstandsöl in Deutschland,
> Fuel-Oil in England und den Vereinigten Staaten,
> Mazout oder Residus de Naphte in Frankreich.

3. Zerlegung.

Masut ist ein Rückstandsöl aus der Erdöldestillation, d. h. ist ein Roherdöl, aus dem die leichten Produkte herausdestilliert sind: Benzin, Leuchtöl und Gasöl. Das spezifische Gewicht liegt we-nigstens bei den Hauptsorten zwischen 0,890 und 0,930, doch kann man auch leichtere und schwerere Sorten verbrennen. Der Flammpunkt schwankt zwischen 70 und 140°, der Kaloriengehalt beträgt rund 11000. Die Viskosität, nach Engler bei 50°, liegt zwischen 5 und 20°. Die Farbe ist schwarz bzw. grünschwarz.

Unter atmosphärischem Druck abdestilliert, geben die ver-schiedenen Sorten Masut eine ganze Reihe von Schmierölen, aus denen man auch Vaseline und Paraffine gewinnen kann, sowie als Rückstand Pech und Petrolkoks. Unter Druck und bei er-höhter Temperatur destilliert (Krackprozeß) geben sie auch leichte Produkte. Bei der Destillation des Rohöles bis zum Gasöl geht man gewöhnlich nicht über Temperaturen bis 340/350° hinaus. Benzin geht zwischen 60 und 150°, Leuchtöl von 150°—300° und schließlich das Gasöl von 300—350° über.

Im allgemeinen wird die Operation kontinuierlich in mehreren hintereinander geschalteten Blasen, die mit Masut, Kohle oder Gas beheizt werden, vorgenommen, unter Einführung von über-hitztem Dampf, um Kraken zu vermeiden. Der Rückstand der letzten Blase, eben der Masut, geht durch einen Vorerhitzer, wo er seine Wärme an das Rohöl abgibt, bevor er in die Tanks kommt.

4. Petroleum-Chemie.

Das Rohöl ist eine Mischung von vielen Kohlenwasserstoffen, die man in folgende drei Klassen zerlegen kann:

1. **Aliphatische Klasse** (Fettkörper, Kohlenstoffketten).

a) Gesättigte Kohlenwasserstoffe der Methanreihe $C_n H_{2n+2}$ (Paraffinreihe).

Das erste Glied ist das Methan oder Sumpfgas. Die Kohlenwasserstoffe dieser Reihe kommen in allen Erdölen vor. Die wichtigsten sind:

		Siedepunkt in °	Schmelzpunkt in °	Spez. Gewicht
Gasförmig:	Methan . . .	-162	-186	0,415 bei $-164°$
	Äthan	-84	-172	0,446 „ $0°$
	Propan . . .	-38	-160	0,536 „ $0°$
	Norm. Butan . .	$+1$	-135	0,600 „ $0°$
Flüssig:	Norm. Pentan .	$+38$	-131	0,6263 „ $+17°$
	Norm. Hexan .	$+71$	-94	0,6630 „ $17°$
	Heptan	98,4	-91	0,7006 „ $0°$
	Oktan	125,5	-56	0,7188 „ $0°$
	Nonan	149,5	-51	0,7330 „ $0°$
	Decan	173	-32	0,7456 „ $0°$
	Undecan . . .	194,5	$-26,5$	0,7745
	Dodecan . . .	214	-12	0,7731
	Tridecan . . .	234	$-6,2$	0,7755
	Tetradecan . .	252,5	$+5,5$	0,7758
	Pentadecan . .	270,5	$+10$	0,7758
Fest:	Hexadecan . .	287,5	$+18$	0,7754
	Oktadecan . .	317	$+28$	0,7768
	Nonadecan . .	330	$+32$	0,7774
	Heptakosan . .	270	$+59,5$	0,7796
	Pentatriacontan .	331	$+74,7$	0,7818

(Siedepunkte bei 760 mm; Spez. Gewicht bei dem Schmelzpunkt)

Vaseline = Hexadecan + Eicosan

Paraffine = Pentacosan + Tetracosan.

b) Olefine = ungesättigte Derivate des Äthylens.

Sie finden sich in geringen Mengen in russischen, kanadischen und Texasrohölen. Beim Krackprozeß entstehen größere Mengen.

		Siedep. in °	
Gasförmig:	Äthylen .	-102	
	Propylen .	-50	
	Butylen (n) .	$+1$	
Flüssig:	Amylen (n) .	$+40$	
	Hexylen .	$+68$	
	Heptylen .	$+99$	
	Paramylen .	$+172$	
Fest:	Cetylen . .	$+274$	Schmelzp. $+20°$
	Ceraten		
	Melissen		

c) Azetylenreihe.

Ungesättigte Abkömmlinge des Azetylens, die spurenweise in den meisten Rohölen vorkommen und auch beim Krackprozeß entstehen.

Siedep. in °

Gasförmig:	Azetylen	— 84
	Allylen.	— 23,5
Flüssig:	Isocrotonylen (3 Butin)	+ 20
	Valerylen (4 Pentin) .	+ 46

2. Aromatische Klasse (Kohlenstoffringe).

a) Naphthene Hexahydrobenzole. Isomer mit den Olefinen, in größeren Mengen im russischen Petroleum.

b) Benzole. Der erste dieser Reihe ist das Benzol, ein Polymeres des Azetylen, Siedepunkt 80°.

c) Naphthaline. Hauptprodukt ist das Naphtalin, Siedepunkt + 218°.

3. Klasse der Terpene.

Die Terpene sind Hauptbestandteile des Terpentinöles. Petrolasphalt entsteht durch Oxydation eines Terpenes, genannt Petrolen.

Die Kohlenwasserstoffe und zwar besonders die der Ätylen- und Acetylenreihe kondensieren sich in der Hitze und geben gleich zusammengesetzte Körper mit anderen Eigenschaften (Polymere). So entsteht, wenn man das Azetylen C_2H_2 auf 200° im geschlossenen Gefäß erhitzt, Benzol C_6H_6.

Als Isomere bezeichnet man Kohlenwasserstoffe mit gleicher prozentischer Zusammensetzung aber verschiedenen Eigenschaften. So gibt es drei Pentane, die bei verschiedenen Temperaturen sieden.

Spezifische Wärme des Petroleums. Das ist die Wärmemenge, die nötig ist, um die Temperatur eines Kilogramms Petroleum von 0 auf 1° C zu erhöhen. Sie ist ungefähr 0,5 Kalorien.

Reysche Formel: $C = 0{,}50 + 0{,}007 \cdot t°$.

Latente Verdampfungswärme ist die Wärme, welche nötig ist, um 1 Kilogramm flüssiges Petroleum von der Temperatur t in Dampf von der gleichen Temperatur zu verwandeln. Sie ist ungefähr 70 Kalorien und errechnet sich nach der Formel:

$82{,}4 - 0{,}0675 \cdot t°$

5. Dichte.

Die Dichte von Masut ist nach bekannter Definition das Verhältnis zwischen dem Gewicht eines bestimmten Volumen Masut von gewisser Temperatur zu einem Gewicht desselben Volumen destillierten Wassers bei 4° C. Dichten sind also im Gegensatz zu den spezifischen Gewichten abstrakte Zahlen und zu ihrer Angabe gehört die Nennung der Temperatur, bei der sie bestimmt sind. Infolge des Ausdehnungsvermögens nimmt die Dichte mit steigender Temperatur ab. Auf dem Kontinent nimmt man sie gewöhnlich bei 15° C[1]), in den Vereinigten Staaten und Großbritannien bei 60° F (15½° C).

Gute Heizöle haben, wie schon bemerkt, eine Dichte zwischen 0,890 und 0,930, aber man kann auch andere flüssige Brennstoffe verbrennen, angefangen von den Gasölen 0,850 bis zu den Rückstandsölen (Goudron) (1,00) je nach dem Brennersystem und der Vorerhitzung.

Der Ausdehnungskoeffizient von Petroleum ist:

$$\alpha = \frac{V t' - V t}{V (t' - t)} + 0,000025,$$

wobei $V t'$ und $V t$ die scheinbaren Volumen von Petroleum bei t' und bei $t°$ sind und 0,000025 der durchschnittliche Ausdehnungskoeffizient des Gefäßes ist. Nennt man β die Veränderung der Dichtigkeit für 1°, so hat man

$$\beta = d \cdot \frac{\alpha}{1 + \alpha}.$$

Für verschiedene spezifische Gewichte gibt folgende Tabelle den Wert von β bis etwa 50°:

0,700—0,720	$\beta = 0,000820$	0,860—0,865	$\beta = 0,000700$
0,720—0,740	0,000810	0,865—0,870	0,000692
0,740—0,760	0,000800	0,870—0,875	0,000685
0,760—0,780	0,000790	0,875—0,880	0,000677
0,780—0,800	0,000780	0,880—0,885	0,000670
0,800—0,810	0,000770	0,885—0,890	0,000660
0,810—0,820	0,000760	0,890—0,895	0,000650
0,820—0,830	0,000750	0,895—0,900	0,000640
0,830—0,840	0.000740	0,900—0,905	0,000630
0,840—0,850	0,000720	0,905—0,910	0,000620
0,850—0,860	0,000710	0,910—0,920	0,000600

---

[1]) NB. Jetzt gilt als Normaltemperatur 20° C.

Die Dichte D eines Gemenges hängt ab von der Dichte d und d' der Komponenten vom Volumen V und V' und zwar gemäß der Formel

$$D = \frac{Vd + V'd'}{V + V'},$$

falls bei der Mischung keine chemischen Veränderungen eintreten.

Bestimmung der Dichte. Man bestimmt die Dichte von Masut mit sogenannten Aräometern, die in Europa meist nach Dezimalen gehen und auf Wasser von 4° C bezogen werden. Man kann die Messungen mit Hilfe der vorhergehenden Tabelle auf 15° umrechnen. In Amerika sind die Aräometer meist nach Beaumé und Tagliabue geteilt. Dabei errechnet sich, wenn d die Beaumé-Grade bezeichnet, das spezifische Gewicht

$$d = \frac{140}{130 + B}.$$

NB. Im amerikanischen Ölhandel wird noch oft eine Spindel nach der Formel $\frac{141,5}{131,5 + B}$ verwandt.

Die Messungen mit Hilfe von Aräometern sind natürlich nur ungefähre, aber durchaus genau genug für die Praxis.

Genauere Messungen nimmt man mit Hilfe der Pyknometer vor; das sind kleine Glasflaschen mit eingeschliffenen Stöpseln mit Kapillarrohr. Man wiegt dieselben nacheinander leer, mit Masut gefüllt und mit destilliertem Wasser gefüllt, reduziert letzteres Gewicht auf 4° und das Verhältnis: $\dfrac{\text{Inhalt an Masut}}{\text{Inhalt an Wasser}}$ ist die Dichtigkeit bei der Versuchstemperatur, die nach bekannter Weise auf 15° zu reduzieren ist. Für genaueste Messungen würden noch der Ausdehnungskoeffizient des Glases und die Luftverdrängung zu berücksichtigen sein.

Eine andere recht genaue Methode ist die Bestimmung mit Hilfe der Westphal-Mohrschen Wage. Dabei wird ein Verdrängungskörper von genau bestimmtem Volumen in die Flüssigkeit getaucht und festgestellt, wieviel Gewicht er verliert. Man verwendet meistens Wagebalken mit Markierung und besonderen Gewichten, derart, daß die Ablesung sofort die Dichte bei der Versuchstemperatur ergibt.

Spezifisches Gewicht einer Flüssigkeit ist das Gewicht ihrer Volumeneinheit, ausgedrückt meistens in Kilo pro Liter oder Gramm pro Kubikzentimeter. Im Gegensatz zur sogenannten Dichte ist also das spezifische Gewicht eine benannte Zahl. Der genauere Ausdruck würde sein spezifische Masse: Einheit der spezifischen Masse ist diejenige eines Liters Wasser, welche einem Kilo gleichkommt.

6. Flammpunkt.

Flammpunkt (flash-point) ist die Temperatur, bei der ein Material z. B. Masut, Dämpfe abgibt, die zusammen mit Luft ein zündbares Gemisch bilden. Bei seiner Bestimmung muß man sich die eigentlichen Lagerungsbedingungen des flüssigen Brennstoffes vorstellen: er liegt in einem Gefäß, welches noch ein gewisses Volumen Luft enthält und durch eine Öffnung mit irgendeiner Flamme in Berührung kommen kann.

Man arbeitet im Laboratoriumsapparat entweder mit offenem oder geschlossenem Ölgefäß und die großen Differenzen, die von 5—40° für dieselbe Substanz gehen, zwingen, sich möglichst für die zweite Methode zu entscheiden. Im übrigen gibt es folgende Methoden:

1. **Offener Tiegel:** Apparate Pensky-Markusson, Brenken, Tagliabue, Cleveland und überhaupt allerhand einfache Laboratoriumsapparate, die z. B. nur einen Porzellantiegel in einem Sandbad darstellen. Man erhitzt langsam, so daß ein Thermometer, das man in den Masut eintaucht, minutlich um etwa 5° steigt. Immer wenn das Thermometer einen neuen Gradstrich erreicht, bringt man eine kleine Gasflamme an die Oberfläche der Flüssigkeit, bis eine kleine Explosion erfolgt.

2. **Methode mit geschlossenem Tiegel:** Abel-Pensky für leichte Masute, ferner Martens-Pensky, Luchaire u. a. für schwere Öle.

Wenn der Masut wasserhaltig ist, schäumt er beim Erhitzen. Man muß ihn dann vorher mit z. B. Chlorcalcium entwässern.

Der Flammpunkt steigt mit steigendem Barometerstand, worauf man Rücksicht nehmen muß. Eine ausführliche Tabelle s. Holde: Analyse der Kohlenwasserstoffe, S. 201. Für einfache Verhältnisse genügen folgende Daten:

von	760	mm bis	765	steigt	der Flammpunkt um			0,2°
„	760	„ „	770	„	„	„	„	0,4°
„	760	„ „	775	„	„	„	„	0,5°
„	760	„ „	780	„	„	„	„	0,7°
„	760	„ „	755	fällt	„	„	„	0,2°
„	760	„ „	750	„	„	„	„	0,3°
„	760	„ „	745	„	„	„	„	0,5°
„	760	„ „	740	„	„	„	„	0,7°
„	760	„ „	735	„	„	„	„	0,9°
„	760	„ „	730	„	„	„	„	1°

7. Brennpunkt.

Unter Brennpunkt versteht man die Temperatur, bei der die Oberfläche einer Flüssigkeit wie Masut bei Annäherung einer Flamme Feuer fängt und weiter brennt. Man bestimmt ihn in einem Apparat mit offenem Tiegel. Bei Masut ist er etwa 15° höher als der Flammpunkt.

8. Viskosität.

Viskosität eines Öles mißt den Widerstand, den das Öl dem Ausfluß durch eine Röhre entgegensetzt. Die Viskosität nimmt ab, wenn Temperatur und Druck steigen. Für die Beziehungen zwischen Viskosität und Temperatur gibt es keine allgemeine Formel. Bei niederer Temperatur hat jedes Öl seine besondere Kurve. Bei höheren Temperaturen nähern sich die Kurven asymptotisch der Koordinatenachse und dann allerdings stehen die Viskositäten im umgekehrten Verhältnis zu den Temperaturen. Man hat oft Formeln aufzustellen versucht, doch sind diese ohne jede Verwendbarkeit für die Praxis geblieben.

Im absoluten Maßsystem C.G.S. ist die Viskosität gleich der in Dynen gemessenen Oberflächenkraft, die nötig ist, um 1 cbcm Flüssigkeit, welcher auf der im übrigen unbeweglichen Masse schwimmt, sekundlich die Geschwindigkeit von 1 cm zu erteilen.

Diese Einheit heißt Poise und ist definiert durch die Formel von Poiseuille:

$$Va = \frac{PD^4}{K \cdot d \cdot L \cdot Q},$$

wobei in C.G.S. Einheiten sind:

P der Ausflußdruck,
D der Durchmesser des Rohres,
L seine Länge,
Q der Durchlauf pro Sekunde,
d die Dichte der Flüssigkeit,
K eine Konstante, die für Rohrleitungen 40 ist.

Die absolute Viskosität des Wassers bei 0° ist 0,01797 Dyne, bei 20° 0,0102, also ungefähr eine Zentipoise. In der Praxis bestimmt man die absolute Viskosität mit Laboratoriumsapparaten nach Angaben von Grobert-Demichel, Perry oder mit dem Kapillar-Viskosimeter von Beaumé oder Ostwald-Ubbelohde.

In der Praxis wendet man zur Bestimmung der Viskosität Apparate von Saybolt, Redwood, Engler und Barbey an. Die dabei gefundenen Zahlen können durch folgende Formel in absolute Viskositäten umgerechnet werden:

1. Saybolt: $\quad Va = d\left(0{,}00213\ S - \dfrac{1-1{,}535}{S}\right)$

2. Redwood: $Va = d\left(0{,}0026\ R - \dfrac{1-1{,}715}{R}\right)$

3. Engler: $\quad Va = d\left(0{,}073185\ E - \dfrac{0{,}0631}{E}\right)$

4. Barbey: $\quad Va = d \cdot \dfrac{48{,}5}{B}$.

Unter spezifischer Viskosität eines Öles versteht man das Verhältnis zwischen der absoluten Viskosität des Öles bei t° und der des Wassers bei 0°. Ihre Bestimmung gestatten verschiedene Laboratoriumsapparate, wie die von Ostwald, Traube und Ubbelohde.

In der Praxis bestimmt man die Viskosität von Mineralölen, speziell von Masut, mit nachstehenden Apparaten, deren Angaben auf Ausflußzeit in Sekunden lauten bzw. auf das Verhältnis der Auslaufszeit des Öles zu der von Wasser oder Rüböl.

Engler-Viskosimeter (Deutschland):

$$E = \frac{\text{Ausflußzeit von } 200^{\circ}\text{ ccm Masut bei } t^{\circ}}{\text{Ausflußzeit von } 200^{\circ}\text{ ccm Wasser bei } 20^{\circ}},$$

das ist der häufigst gebrauchte Apparat. Die Ausflußzeit für Wasser schwankt zwischen 50 und 53 Sekunden.

Viskosimeter Saybolt (Vereinigte Staaten):

$$S = \text{Ausflußzeit von } 60 \text{ ccm Masut bei } t^{\circ}.$$

Die Viskosität von Wasser bei 60° F. ($15{,}56^{\circ}$ C) ist 30.

Viskosimeter Redwood (England):

Handelsapparat Nr. 1

$$r = 100 \cdot \frac{\text{Ausflußzeit von } 50 \text{ ccm Masut bei } t^{\circ}}{\text{Ausflußzeit von } 50 \text{ ccm Rüböl bei } 60^{\circ}\text{ F}} \cdot \frac{d}{0{,}915}.$$
$$\text{(bei } 15{,}56^{\circ}\text{ C)}.$$

Rüböl fließt bei 60° in 535 Sekunden aus und $0{,}915^{\circ}$ ist seine Dichte. d ist die Dichte des Masuts bei t°.

Apparat der Admiralität Nr. 2

$R = $ Ausflußzeit von 50 ccm Masut bei 32° F (0° C).

Viskosimeter Lamansky-Nobel (Rußland):

$$L = \frac{\text{Ausflußzeit von } 100^\circ \text{ ccm Masut bei } t^\circ}{\text{Ausflußzeit von } 100 \text{ ccm Wasser bei } 50^\circ}.$$

100 ccm Wasser bei 50° brauchen etwa 50—60 Sekunden. Dieses Viskosimeter arbeitet mit konstantem Druck.

Zu erwähnen sind u. a. noch die Viskosimeter Engler-Ubbelohde-Rakusin und das Viskosimeter Lunge. Letzteres ähnelt einem Aräometer. Man mißt dabei die Zeit, welche beim Einsinken des Apparates zwischen dem aufeinanderfolgenden Eintauchen zweier Marken verstreicht.

Die genauen Verhältniszahlen der verschiedenen Viskositäten können nach obigen Formeln berechnet werden, ungefähr gilt

$$\frac{\text{Saybolt}}{\text{Engler}} = 35$$

$$\frac{\text{Lamansky-Nobel}}{\text{Engler}} = 1{,}13 \text{ bis } 1{,}26.$$

Für jede Flüssigkeit ist die Kurve, welche die Änderung der Viskosität mit der Temperatur darstellt, charakteristisch. Sowohl die Viskositätskurve, als auch ihr Spiegelbild, die Fluiditätskurve, wird bei höheren Temperaturen asymptotisch. Sie schneiden niemals die Achse der Temperatur, da negative Zahlen sinnlos wären. Nach Engler steigt die Viskosität der Kohlenwasserstoffe mit dem Molekulargewicht. Zyklische Kohlenwasserstoffe haben eine höhere Viskosität als die der Paraffinreihe und die Fluiditäten dieser letzteren Kohlenwasserstoffe sind bei den Siedetemperaturen ziemlich gleich.

Die Bedeutung der Viskosität eines Masuts für seine Handhabung beim Transport, Einlagern, Vorwärmen und Zerstäuben leuchtet jedermann ein.

Viskosität von Mischungen. Wenn man eine Mischung von verschiedenen Sorten Masut mit verschiedener Viskosität vornimmt, stellt man fest, daß die Viskosität der Mischung kleiner ist als aus der Viskosität der Komponenten errechnet wird. Man hat versucht, Gesetze hierfür aufzustellen, jedoch bisher ziemlich erfolglos, da das Mischungsgesetz offenbar nicht nur von den Viskositätszahlen, sondern auch von der Provenienz der Öle be-

Tabelle 1. Viskositätsgrade nach Engler für verschiedene Heizöle.

Ölart	Krit. Temp.	Flamm-punkt	20°	30°	40°	50°	60°	70°	80°	90°	100°	110°	120°	130°	140°	150°	160°
Oklahoma	23	75°	11	4,8	2,7												
„	22	101°	10	5,2	3,3	2,5											
„	26	97°	12	7	4,5	3,1											
„	36	140°	26	11,5	6,7	4,2	2,8										
Louisiana	45	130°	55	19	11	6,3	4,1	3,1	2,5								
„	48	146°	—	42	15	6,8	4,5	3,4	2,8								
„	52	135°	45	22	14	8,8	5,1	3,4	2,6								
Oklahoma-Kansas	58	135°	100	45	22	13	7,5	4,8	3,5	2,8							
Mexican Eagle	70	86°		66	36	22	13	7,5	5,6	4,2	3,5	3,2	3	2,97	2,95	2,94	2,94
„ Standard	79	67°			66	31	18	12	7,8	5,5	4,1	3,4	3,12	3,05	3,01	2,98	2,97
„ Torpedobootöl	82	83°			75	33	23	13,5	9	6	4,35	3,55	3,3	3,19	3,14	3,13	3,12
„ Texas Co.	85					45	25	15	10	6,65	4,6	3,68	3,35	3,2	3,15	3,14	3,13
„ Standard	87	94°				45	26	16	11	7	5	3,72	3,41	3,22	3,17	3,15	3,15
„ Rohöl	76	35°			45	22,5	14,8	10,3	7,4	5,5	4,5	4,0	3,7	3,6	3,5	3,45	3,41
Toltec Heizöl	121	51° } sehr reich					75	36	25	16,5	12	9,5	8	7,7	7,4	7,3	7,3
„	—	104° } an Asphalt						55	30	19	15,5	12	10,8	9,5	9,4	9,3	9,3

einflußt wird. Ein neuester Versuch ist veröffentlicht im Moniteur du Pétrole Roumain 1923 S. 1672 ff.

Nachstehende Tabelle, die Schenker aufgestellt hat, gibt die Viskosität bei verschiedenen Temperaturen. Bei Temperaturen unter 50° bezieht sich die größere Zahl auf paraffin- bzw. asphalthaltige Öle, die kleinere auf paraffinfreie Öle. Ein Gesetz kann man aus der Tabelle nicht ableiten.

T	20°	30°	40°	50°	60°	70°	80°	90°	100°
	17,7 / 9,5	8,6 / 6,0	4,6 / 4,0	3,0	2,25	1,83	1,57	1,40	1,25
	27,5 / 16,0	12,5 / 9,2	6,5 / 5,6	4,0	2,84	2,20	1,79	1,56	1,35
Viskosität in Englergraden	38,0 / 23,5	16,5 / 13,5	8,8 / 7,7	5,0	3,45	2,56	2,00	1,72	1,46
	48,0 / 30,5	21,0 / 17,3	10,6 / 9,7	6,0	4,05	2,93	2,24	1,88	1,57
	68,0 / 44,5	30,0 / 24,5	15,0 / 13,8	8,0	5,35	3,70	2,77	2,20	1,79
	88,0 / 59,0	37,0 / 29,5	18,5 / 16,3	10,0	6,70	4,55	3,30	2,55	2,00

9. Fluidität.

Fluidität ist der Gegensatz zur Viskosität. In großen Zügen zeigt nachstehende Skizze ihr Verhältnis zur Temperatur. Die Messung der Fluidität ist bisher nur in Frankreich üblich mit Hilfe des sogenannten „Ixomètre" Barbey; für die Barbey-Grade hat man folgende Formel über ihre Beziehung zu den Engler-Graden aufgestellt:

$$B = \frac{662}{E - = \frac{0,864}{E}}.$$

Nach Versuchen von Boutaric sollen die Fluiditäten additiv sein, d. h. die Fluidität einer Mischung ist eine lineare Funktion der Konzentration der einen Komponente. (Experimentelle Prüfungen wären wünschenswert, da man dann zu einer Formel gelangen könnte, um Engler-Grade von Mischungen auszurechnen. D. Übers.)

Kritische Fluidität. Die amerikanische Admiralität und verschiedene amerikanische Schiffahrts-Gesellschaften haben sehr

wichtige Versuche über die Verwendung von Erdölrückständen gemacht. Es ergab sich völlig unerwarteterweise, daß für alle
flüssigen Brennstoffe unabhängig von ihrer Provenienz die beste
Ausnutzung eintrat, wenn man ihnen am Brenner die gleiche
Viskosität erteilte. Diese kritische Viskosität ergab sich bei den
amerikanischen Versuchen als 8° Engler entsprechend (d. h. 82°
Barbey), und jeder Brennstoff hat diese kritische Viskosität bei
einer für ihn bestimmten Temperatur, die an und für sich aber für
verschiedene Brennstoffe durchaus nicht dieselbe ist. Es hat sich
ferner ergeben, daß flüssige Brennstoffe, welche zu erwähnter Viskosität nicht erhitzt werden können, ohne über ihren Brennpunkt

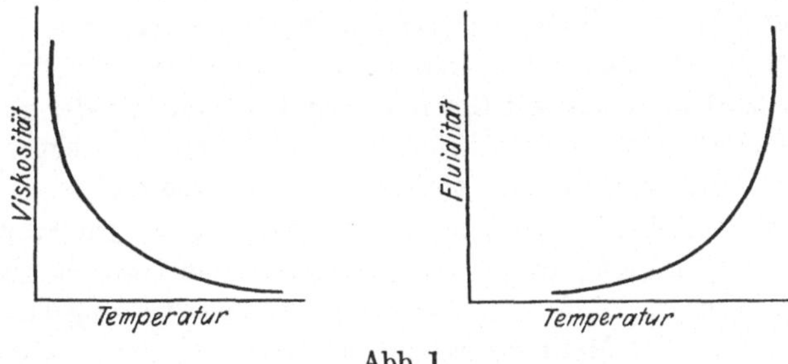

Abb. 1.

zu kommen, starke Koksbildung zeigen. Wenn man für jeden
flüssigen Brennstoff die Kurve aufzeichnet, welche seine Viskosität in Abhängigkeit von der Temperatur zeigt, muß man bei
82° Barbey bzw. bei 8° Engler eine gerade Linie ziehen. Der
Schnittpunkt dieser Kurve auf die Temperaturachse übertragen
gibt die kritische Temperatur, auf die man den Brennstoff vorwärmen muß, bevor man ihn für die Verbrennung zerstäubt.
Tab. S. 11 gibt für eine Anzahl Naphtha-Rückstände die charakteristischen Zahlen. Wenn für einen Masut genaue Zahlen nicht bekannt sind, so bestimmt man vor der Verarbeitung seinen Flammpunkt und erhitzt auf eine Temperatur, die um 10—15° niedriger liegt. So erhält man jedenfalls verhältnismäßig wenig Koks
bei genügender Zerstäubung und ist vor Brand geschützt, der
entstehen kann, wenn Masut über seinen Flammpunkt erhitzt
wird. Bei Anwendung von Dampfzerstäubung sind diese Vorschriften nicht anzuwenden.

10. Wassergehalt.

Von den zahlreich vorgeschlagenen Methoden zur Bestimmung des Wassergehaltes sind die wichtigsten folgende:

1. Ungefähr kann man ihn volumetrisch bestimmen, wenn man das Öl in ein unten verengtes und graduiertes Gefäß von 100—200 ccm gießt. Das Wasser setzt sich schneller ab, wenn man vorher Benzin zumischt.

2. Nach der Methode Markusson destilliert man 100 ccm Öl nach Mischung mit 100 ccm Xylol aus einem Engler-Kolben. Das Destillat wird in einer in Zehntel cbcm geteilten Vorlage, die in kaltem Wasser steht, aufgefangen. Nach Trennung von Xylol und Wasser liest man die Menge des letzteren ab.

3. Man entwässert Öl, indem man es unter Umrühren auf einem Sandbad leicht mit Chlorcalcium erwärmt, bis der Schaum verschwindet, und dann filtriert man es. Der Gewichtsverlust gibt das von Chlorcalcium zurückgehaltene Wasser.

4. Man mischt Masut mit Benzin und zentrifugiert. Die Trennung des Wassers erfolgt prompt und man kann volumetrisch ablesen. Zu beachten ist, daß 1 kg Leichtbenzin bei 20° ungefähr 1 g Wasser löst. Die Methode ist an sich nicht so genau wie Nr. 3.

5. In einem umgekehrten Meßgefäß mißt man das Volumen Azetylen, das entsteht, wenn man in einem Kolben Masut und Calciumkarbid mischt. Bei 0°/760 gibt ein Gramm Wasser 580 ccm Azetylen. In kleineren Mengen ist dies in Kohlenwasserstoffen löslich.

6. Wenn man Masut mit Natrium behandelt, bildet sich Wasserstoff. Man bestimmt ihn, wie üblich, volumetrisch und kann daraus das zersetzte Wasser berechnen.

11. Asphalt.

Man unterscheidet Hart- und Weichasphalt. Besonders ersterer verstopft Filter und Brennerdüsen, Masut darf daher nur kleine Mengen enthalten. Man bestimmt ihn, indem man 5 Gramm Masut in Normalbenzin auflöst, 24 Stunden absetzen läßt und filtriert. Der Filterrückstand wird mit Normalbenzin und Alkohol gewaschen und dann in Benzol gelöst. Nach dem Verdampfen des Benzols trocknet man bei 100° und wiegt.

(NB. Asphalt ist unlöslich in Benzin, aber löslich in Benzol.)

Verunreinigungen (Sedimente). Die qualitative Bestimmung der im Masut suspendierten Stoffe geschieht, indem man es über ein feines Messingsieb filtriert. Nach dem Auswaschen mit Äther kann man die Natur der suspendierten Verunreinigungen näher feststellen. Quantitativ kann man mit der Zentrifuge arbeiten oder, noch besser, indem man durch gutes Durchmischen erhaltene Durchschnittsproben von 10 ccm Masut in 100 ccm 90%igem Benzol auflöst, 24 Stunden stehen läßt, dann durch ein gewogenes Filter filtriert und wiederholt mit 90%igem Benzol wäscht. Das Filter wird bei 104° getrocknet und die Differenz ergibt den Gehalt an Rückstand.

12. Säuregehalt.

Man begnügt sich im allgemeinen, qualitativ auf Mineralsäuren zu prüfen.

1. Man schüttelt 100 g Masut sorgfältig mit 100 ccm heißem Wasser, läßt absetzen und nimmt mit einer Pipette 30 ccm Wasser heraus, die man filtriert und dann nach Zusatz von Methylorange mit $^1/_{10}$ n. Lauge titriert.

2. Man mischt 10 ccm Masut mit ebensoviel Alkohol, erwärmt auf dem Wasserbade, dekantiert und prüft den Alkohol mit Lackmuspapier. Letztere Methode ist weniger genau, weil die vorhandenen Naphthensäuren dem Alkohol fast stets saure Reaktion verleihen.

Organische Säuren, die beim Schmieren schädlich sind, dürfen im Masut in geringen Mengen enthalten sein. Man bestimmt sie durch Zusatz von Alkali[1]). Wenn nach Aufkochen und Absetzen die Lösung trübe bleibt, sind sie vorhanden. Etwa suspendierte Alkalien findet man durch Schütteln mit einer Lösung von Phenolphtalein, welche in Gegenwart von Säuren farblos bleibt, aber sich schon mit Spuren von Alkali rot färbt.

---

[1]) Genauer nach der Normenmethode: 20 g Öl werden mit 40 ccm 90%igem Alkohol kräftig durchgeschüttelt. Nach dem Absetzen titriert man die Hälfte der alkoholischen Schicht mit $^1/_{10}$ n. Lauge (Indikator Alkaliblau) auf rot.

Säurezahl $=$ Verbrauchte ccm $^1/_{10}$ n. Lauge $\times$ 5,611 dividiert durch Ölmenge in Gramm.

13. Einwirkung auf Metalle.

Eine eventuelle Korrosion von Metallen wird folgendermaßen festgestellt: Man schneidet kleine Quadrate von 30—50 mm Seitenlänge aus Kupfer-, Messing- oder Eisenblech bzw. aus dem Metall, das eventuell mit dem Masut in Berührung kommt. Sie werden feinst poliert, genau gewogen und in Gefäße mit Masut getan. Das Ganze bleibt dann während einiger Tage bei 100° im Wärmeschrank. Von Zeit zu Zeit nimmt man die Platten heraus, wäscht sie mit Äther rein und bestimmt den Ätzverlust durch Wiegen und durch Besichtigung unter dem Mikroskop. Für eine schnelle Prüfung genügt es, einen Tropfen Masut auf eine polierte Platte zu bringen und 24 Stunden im Wärmeschrank zu halten. Nach sorgfältigem Waschen in Äther stellt man etwaige Ätzungen unter dem Mikroskop fest.

14. Raffination durch Schwefelsäure.

Zur Bestimmung verdünnt man Masut mit dem doppelten Volumen Benzin. Man arbeitet bei etwa 40° und gießt 100 ccm der Verdünnung in 20 ccm Schwefelsäure von 66° und schüttelt das Ganze in einem graduierten Reagiergefäß. Nach 6 Stunden Absetzen im Wasserbad bei 40° läßt man abkühlen und notiert die Volumenzunahme der Schwefelsäure.

15. Stockpunkt.

Man benutzt zwei Röhren von 18—20 mm Durchmesser, die durch einen Stopfen mit Thermometer geschlossen sind. Die Röhren werden bis auf etwa 3 cm Höhe mit Masut gefüllt und in ein Luftbad gesetzt, das von einer Mischung aus Eis und Kochsalz (— 21°) oder mangels Eis von einer Kältemischung aus 25 Teilen Salmiak und 100 Teilen Wasser umgeben ist.

Man bestimmt zunächst die Temperatur, bei der das Öl den Glanz verliert bzw. grießlich wird, und dann, indem man die Röhren um 90° neigt, die Temperatur, bei der das Öl fest wird. Dieser Punkt heißt Stockpunkt.

Manchmal bestimmt man die Fließfähigkeit von Masut bei bestimmter niedriger Temperatur, indem man mißt, wie hoch es in einem 6 mm U-Rohr in 1' steigt unter einem Druck von 50 mm Wasser. Das U-Rohr steht in einer Kältemischung.

Die Bakuer Masute, die nicht paraffinhaltig sind, haben einen Stockpunkt von manchmal — 20°.

16. Aschengehalt.

Man verbrennt vorsichtig in einem Platintiegel über einem Bunsenbrenner 20 g Masut, bis ein kohliger Rückstand bleibt, den man in elektrischen Öfen verascht, und wiegt dann. Bei einem guten Masut liegt der Aschengehalt etwa bei 0,5%.

17. Fraktionierte Destillation.

Sie wird bis zur Verkokung durchgeführt und geschieht, um unter Trennung der verschiedenen Fraktionen:

1. den Siedepunkt des Masut (eingetauchtes Thermometer)[1]) bzw. die Temperatur, bei der der erste Tropfen Destillat aus dem Kühlerende fällt, festzustellen;

2. Die Destillationstemperatur, Dichte, Viskosität, Flammpunkt, Stockpunkt usw. der verschiedenen Fraktionen zu bestimmen.

3. Den zurückbleibenden Koks zu charakterisieren.

Im Laboratorium destilliert man Masut im allgemeinen aus dem Engler-Apparat und zwar aus dem alten Glasmodell unter gewöhnlichem Luftdruck und ohne überhitzten Dampf. Das neue Modell hat einen Dampfüberhitzer und einen Dephlegmator. Die erstere Form, die meist im Handel benutzt wird, ist in den Laboratorien sehr verbreitet. Sie besteht aus einem Glaskolben bestimmter Dimensionen, dessen Öffnung einen Korkstopfen mit Thermometer trägt, während das Seitenrohr sich an den üblichen Kühler anschließt.

Der Apparat Holde arbeitet im Vakuum und mit überhitztem Dampf und besteht ganz aus Metall mit Kühlschlangen für Luft- und Wasserkühlung.

Beispiel einer Destillation im Vakuum mit überhitztem Dampf:

Herkunft: Rückstand aus amerikanischem (Nord-Texas) Rohpetroleum zu 65,4%.

Dichte 0,895.

Viskosität 4,6 E bei 50°.

---

[1]) Nicht mehr gebräuchliche Methode, den sogenannten Siedebeginn festzustellen.

1308 g wurden bis 400° unter 755 mm Vakuum und überhitztem Dampf von 350° destilliert.

Der erste Tropfen fiel bei 250°.

1. Fraktion 105,3 g Dichte bei 15° 0,845,
2.   „   117,2 g   „   „ 15° 0,850,
3.   „;   134,6 g   „   „ 15° 0,859,
4.   „   161,7 g   „   „ 15° 0,866,
5.   „   133,8 g   „   „ 15° 0,869,
6.   „   69,5 g   „   „ 15° 0,870.

Die Destillation wurde bei 400° beendet. Der Rückstand ist ein Zylinderöl mit folgenden Daten:

Gewicht 521,7 g,
Dichte 0,932 im Pyknometer,
Viskosität 3,41° E. bei 100°,
Flammpunkt 249° offener Tiegel,
Brennpunkt 292° offener Tiegel,
Stockpunkt + 14°.

18. Heizwert.

Die Bestimmung des Heizwertes, d. h. der Zahl Kalorien, die bei der Verbrennung eines Kilogramms Masut entwickelt werden, ist die wichtigste aller Untersuchungen. Sie ist maßgebend für die Klassifizierung eines flüssigen Brennstoffes. Man bestimmt den Heizwert mit Hilfe der sogenannten kalorimetrischen Bomben Berthelot-Mahler, Parr-Lunge, Kröker oder auch durch Rechnung, wenn man den prozentualen Gehalt an Kohlenstoff, Wasserstoff und Schwefel auf Grund vollständiger Analyse kennt.

Bestimmung des Heizwertes in der Mahlerschen Bombe[1]. Man wiegt ungefähr 1 g Masut, sowie den Eisendraht, der die Elektroden verbindet. Der Kopf der Bombe wird, nachdem man den Platintiegel mit dem Masut eingesetzt und festgestellt hat, daß der Eisenfaden in die Flüssigkeit taucht, gut zugeschraubt. Man gibt 25 kg Sauerstoffdruck auf die Bombe und schließt. Dann setzt man das Ganze in das Kalorimeter, welches 2200 g Wasser enthält. Durch Umrühren stellt man so gut wie irgend möglich

---

[1] NB. Besonders bewährt haben sich Bomben aus Kruppschem Spezialstahl. Ein Exemplar des Laboratoriums von Henriques Nachf. zeigte nach 1300 Verbrennungen keinerlei Korrosion. (Bauarten von Peters, Berlin. Hugershoff, Leipzig.)

das Gleichgewicht in der Temperatur des inneren und äußeren Wassers her. 5 Minuten lang notiert man die Temperatur von Minute zu Minute und gibt bei der 5. Minute Zündung. Eine halbe Minute später mißt man die Temperatur und von da ab alle volle Minuten. Wenn das Maximum erreicht ist, beobachtet man noch weitere 5 Minuten. Man erhält so eine ganze Serie von Beobachtungen, aus denen sich die einzelnen Korrekturen ergeben, die man der bis zum Maximum festgestellten Temperaturerhöhung zulegen oder abziehen muß. Die Korrekturen ergeben sich aus folgenden Vorschriften:

1. Während der ersten halben Minute nach der Explosion ist die Korrektur gleich der mittleren Veränderung der 5 Minuten vor der Zündung und wird abgezogen.

2. Wenn die Temperatur während der Verbrennungsperiode nicht mehr als $1°$ von der Maximaltemperatur abweicht, ist die Korrektur für diese Periode gleich der mittleren Veränderung in der Periode, welche auf das Maximum folgt. Sie wird zugefügt.

3. Wenn die Temperatur der Verbrennungsperiode um mehr als $1°$ vom Maximum abweicht, ist die Korrektur für diese Periode gleich der mittleren Veränderung der Periode, die auf das Maximum folgt abzüglich $0,005°$ pro Minute. Sie wird zugefügt.

Das Wasseräquivalent der Mahlerbombe ist 481 g, d. h. diese Menge Wasser würde ebensoviel Wärme binden wie die Bombe.

Die Verbrennungswärme des Eisendrahtes ist 1600 Kal. per Gramm.

Versuch:

Berechnung des Heizwertes eines amerikanischen Heizöles.

Gewicht des angewandten Öles: 1,107 g.

Gewicht des Eisendrahtes: 0,029 g.

Gewicht des Wassers: 2200 g.

Wasseräquivalent der Bombe: 481 g.

	Minute	0	$16,52°$	
	„	1	$16,52°$	Anfangswerte
	„	2	$16,54°$	
	„	3	$16,56°$	Mittel $\dfrac{0,04°}{5} = 0,008$
	„	4	$16,56°$	
Explosion	„	5	$16,56°$	
	„	$5^1/_2$	$18,20°$	
	„	6	$19,80°$	Verbrennung
	„	7	$20,66°$	Steigerung $4,24°$
	„	8	$20,76°$	
	„	9	$20,79°$	

2*

$$\text{Maximum} \quad \text{Minute } 10 \quad 20{,}80^\circ$$

Maximum	Minute 10	20,80°
„	11	20,79°
„	12	20,78°
„	13	20,77°
„	14	20,76°
„	15	20,76°

Schlußwerte

$$\text{Mittel } \frac{0{,}04^\circ}{5} = 0{,}008$$

Also ist die Temperaturdifferenz:

$$20{,}80 - 16{,}56 - 0{,}5 \cdot 0{,}008 + 0{,}5\,(0{,}008 - 0{,}005) + 4 \cdot 0{,}008 = 4{,}2695^\circ.$$

Zu berücksichtigen ist:

Wassergewicht $2200 + 481 = 2681$ g.

Vom Wasser absorbierte Wärme $2681 \cdot 4{,}2695 = 11446{,}5$ Kal.

Wärmeentwicklung bei der Verbrennung des Eisendrahtes

$$0{,}029 \cdot 1600 = 46{,}4 \text{ Kal.}$$

Wärmeentwicklung bei der Verbrennung von 1,107 g Öl

$$11446{,}5 - 46{,}4 = 11400{,}1 \text{ Kal.}$$

Oberer Heizwert

$$\frac{11400{,}1 \cdot 1000}{1{,}107 \cdot 1000} = 10298 \text{ Kal.}$$

Thermoelektrische Bombe nach Fery[1]). Sie besteht aus einem innen vernickelten Stahlzylinder, der mit Sauerstoff von 20 kg Druck beschickt werden kann und außen einen 4 mm dicken Kupfermantel trägt. Dieser bewirkt durch sein 6—7 mal höheres Wärmeleitvermögen schnelleren und regelmäßigeren Verlauf der Versuche.

Die Bombe ist durch Lötung an eine Scheibe aus Konstantan (58% Kupfer, 41% Nickel, 1% Mangan befestigt, die ihrerseits wieder an eine als Schutzmantel dienende Kupferhülle gelötet ist.

Das Verfahren entspricht dem bei der Mahlerbombe. Im Augenblick der Verbrennung fängt die Bombe sich zu erwärmen an und ihre Temperatur steigt je nach der Art des Öles um $20—35^\circ$. Infolge der Temperaturdifferenz zwischen der Lötstelle Bombe : Konstantan und der Konstantan : Außenhülle entsteht ein thermoelektrischer Strom, dessen Stärke auf einem zwischengeschalteten Millivoltmeter abgelesen wird.

Jeder Apparat hat seine Konstante: die Kalorienmenge pro Teilstrich des Voltmeters. Die Ablenkung ist, gleiche Mengen ver-

---

[1]) Fabrikant Ch. Beaudouin, Paris; vgl. Génie Civil 25. V. 1912.

brannten Öles vorausgesetzt, proportional der entwickelten Wärmemenge, d. h. dem Kaloriengehalt. Von den drei Abkühlungsursachen:

1. Wärmeleitung in der Konstantanscheibe: die sekundlich abgegebene Wärmemenge ist der Temperaturdifferenz zwischen den beiden Lötstellen proportional;

2. Abkühlung durch die Luftzirkulation;

3. Ausstrahlung der Bombe auf die Kupferhülle,

ist nur die erste einem linearen Gesetz unterworfen, d. h. proportional der zu messenden Erwärmung. Durch die eigenartige Konstruktion des Apparates ist dafür gesorgt, daß dieser Wärmeverlust groß genug wird, daß man die beiden anderen vernachlässigen kann.

Beispiel. Probengewicht 1,105 g. Anfangsstand des Millivoltmeters 80. Endstand 970. Wahre Abweichung $970 - 80 = 890$ Teilstriche. Apparatkonstante 12,75 Kal./Teilstrich.

$$\text{Entwickelte Wärme} \quad 890 \cdot 12{,}75 = 11\,347 \text{ Kal.}$$

$$\text{Heizwert} \cdot \cdot \cdot \cdot \cdot \cdot \cdot \frac{11\,347}{1{,}105} = 10\,268 \text{ Kal.}$$

Berechneter Heizwert. Wenn man keine kalorimetrischen Bomben hat, kann man trotzdem den Heizwert berechnen, wenn man die chemische Formel oder den Prozentgehalt an Kohlenstoff und Wasserstoff kennt.

1. Ein Petroleum der Äthylenreihe $C^n H^{2n}$ hat

$$\frac{12n}{12n + 2n} \text{ Kohlenstoff- und } \frac{2n}{12n + 2n} \text{ Wasserstoffgehalt.}$$

Bei 8200 Kalorien für Kohlenstoff und 29400 Kalorien für Wasserstoff berechnet sich der Heizwert auf

$$8200 \cdot \frac{12n}{12n + 2n} + 29\,400 \cdot \frac{2n}{12n + 2n} \cdot$$

2. Ein rumänisches Petroleum enthält z. B. 86% Kohlenstoff und 14% Wasserstoff. Sein Heizwert ist dann

$$0{,}86 \cdot 8200 + 0{,}14 \cdot 29\,400 = 11\,168 \text{ Kal.}$$

Folgende Formeln gestatten aus der quantitativen Analyse den Heizwert zu berechnen:

1. Formel von Dulong:

$$345 \cdot \left(H - \frac{1}{8}O\right) + 80\,C + 24\,S[1].$$

2. Formel von Mendelejew:

$$300\,H + 81\,C + 26\,(S-O).$$

3. Formel von Sherman und Kopff (Journ. of the Americ. chem. soc. X, 1908):

$$\frac{5}{9}\left[18\,650 + 40 \cdot (\text{Grade Beaumé} - 10).\right][2]$$

Sie wird in Amerika angewendet für Masute mit einem spezifischen Gewicht zwischen 10° und 30° Bé. und ist natürlich nur ganz ungefähr.

Oberer und unterer Heizwert. In der kalorimetrischen Bombe kondensiert sich der bei der Verbrennung gebildete Wasserdampf und gibt seine Verdampfungswärme an das Kalorimeter ab. In der Praxis, d. h. beim Verbrennen unter dem Kessel, ist die Sache anders. Der größte Teil des Wasserdampfes geht durch den Kamin fort und nimmt seine Verdampfungswärme mit sich, so daß sie der Heizung verloren geht.

Dies bringt uns zur Einführung des Begriffes „obere Heizwerte", die man in der Bombe findet, und „untere Heizwerte", die wirklich im Verbrennungsraum eines Kessels entwickelt werden.

Der untere Heizwert ist ungefähr gleich dem oberen Heizwert (wie er in der Bombe bestimmt wird), vermindert um $53 \cdot H + 6 \cdot H_2O$, wobei Wasserstoff und Wasser ausgedrückt sind in Grammen pro 100 g Öl. Diese Zahl entspricht[3] ungefähr 650 Kalorien, also

$$\text{unterer Heizwert} = \text{oberer Heizwert} - 650.$$

B. T. U. In England ist die British-Thermal-Unit (B. T. U.) die Menge, welche nötig ist, um ein englisches Pfund Wasser

---

[1] Besser die sogenannte Verbandsformel, die auf Wasserdampf bezogen lautet: $81\,C + 290\left(H - \frac{0}{8}\right) + 25\,S - 6\,W$, wo W den Wassergehalt des Brennstoffes bedeutet.

[2] Oder nach spez. Gew.: $4760 + \dfrac{5600}{d}$.

[3] NB. Bei wasserfreiem Masut von etwa 12,5 % H.

$= 0{,}454$ kg bei $39{,}1^{\circ}$ F $(4^{\circ}$ C$)$ um einen Grad Fahrenheit zu erwärmen $(1^{\circ}$ F $= {}^{5}/_{9}{}^{\circ}$ C$)$, also 1 B. T. U. $= 0{,}454 \cdot {}^{5}/_{9}$ Kal., also:

$$1 \text{ B. T. U.} = 0{,}252 \text{ Kalorien,}$$
$$1 \text{ Kalorie} = 3{,}968 \text{ B. T. U.}$$

Mit Rücksicht auf das verschiedene Bezugsgewicht ergibt sich:

$$\text{Heizvermögen in Kalorien} = \frac{\text{B. T. U.} \cdot 0{,}252}{0{,}454}$$

oder $= \text{B. T. U.} \cdot \dfrac{5}{9} \cdot$

$$\text{B. T. U.-Zahl} = \text{Kalorienzahl} \cdot 1{,}8.$$

19. Schwefelgehalt.

Man kann den Schwefelgehalt nach zwei Methoden bestimmen, entweder durch direkte Verbrennung an der Luft oder in der Mahlerschen Bombe. Letztere ist die meist angewandte und genauere.

Es ist wichtig, daß der flüssige Brennstoff möglichst wenig Schwefel enthält, um Korrosionen der Kesselrohre und Bleche durch schweflige Säure zu vermeiden. Für Heizrohrkessel, die mehr als 2 t stündlich verbrennen können, läßt man nur Öle mit einem Maximalgehalt von 2,5 % Schwefel zu.

Bestimmung in der Bombe. Beispiel: Amerikanisches Öl 1,023 g Öl in der Mahlerschen Bombe. Bei der Explosion entsteht infolge des Überschusses an Sauerstoff Schwefelsäure-Anhydrid und daneben etwas Schwefelsäure wegen des bei der Verbrennung entstehenden Wassers. Man nimmt das Gas in der Bombe durch eine 4 %ige Sodalösung auf, wäscht die Bombe selbst auch mit Sodalösung und vermischt beide; man fällt bei Siedehitze mit Chlorbarium und bestimmt nach Filtrieren nach bekannter Methode den Schwefel als Baryumsulfat; gefunden z. B. bei 1,023 g Öl 0,014 g Baryumsulfat. Nach der Formel

$$0{,}014 \cdot \frac{32}{233} \cdot \frac{100}{1{,}023} \quad \text{ergeben sich } 0{,}18 \text{ \% Schwefel. Schwefel} = 32.$$

Baryumsulfat $= 233$.

20. Durchfluß von Öl durch Rohrleitungen.

Die Berechnung einer Rohrleitung für ein bekanntes Öl auf eine bestimmte Leistung ist eine der schwierigsten Aufgaben in der Kunst des Petroleum-Ingenieurs. Es gibt keine allgemeine

Formel für den Durchfluß, wohl aber eine ganze Anzahl von Formeln, die, aus der Erfahrung abgeleitet, in einem Falle wohl genau sind, aber in anderen, wenn auch ähnlichen, durchaus nicht gelten.

Die Kraft, welche eine Pumpe liefert, um eine Flüssigkeit durch eine Rohrleitung zu bringen, wird zum Teil absorbiert:

1. durch die Reibung zwischen den Molekülen der Flüssigkeit aneinander und an den Wandungen der Rohrleitung. Letztere ist von weniger Einfluß als die erstere;

2. durch Wirbel, die aus Unregelmäßigkeiten des Fließens entstehen.

Infolgedessen erleidet die Flüssigkeit einen Druckverlust, den man nach Meter Wasserhöhe berechnet. (10 m Wasser bedeuten einen Druck von 1 kg / qcm.) Dieser Druckverlust ist gleich der Summe aus der wirklich zu überwindenden Druckhöhe und dem Druckverlust infolge Reibung ausgedrückt in Meter Wasserhöhe, erstere entsprechend den Niveaudifferenzen mit dem entsprechenden Vorzeichen genommen.

Allgemeine Theorie des Ausflußwiderstandes. In der Hydrodynamik gilt für jede Flüssigkeit, die reibungslos (im luftleeren Raum und ohne Wandung) vertikal ausfließt, das theoretische Gesetz der Fallgeschwindigkeit

$$v = \sqrt{2\,g\,H},$$

wo v die mittlere Geschwindigkeit in Metern pro Sekunde, H die Fallhöhe und g die Schwerkraftskonstante am Orte ist. Daraus folgt:

$$H = \frac{v^2}{2\,g}.$$

Man sieht leicht ein, daß, wenn man die Flüssigkeit zwingt, durch eine horizontale Röhre von der Länge L und dem Druckmesser D zu fließen, der Widerstand h gegen das Fließen in Metern Wasserhöhe ausgedrückt ist:

1. proportional dem Quadrat der Geschwindigkeit,

2. proportional der Länge L,

3. umgekehrt proportional dem Durchmesser D,

4. proportional einem Koeffizienten α, der von der inneren Reibung der Flüssigkeit abhängt (Viskosität),

5. proportional einem Koeffizienten β, der von der Natur der Rohrleitung abhängt (Krümmungen, Ansätze, Konvektionsströme usw.),

6. proportional der Dichte d der Flüssigkeit.

1. Also $h = \alpha \cdot \beta \cdot d \cdot \dfrac{L\,v^2}{D}$, und wenn Q der Ausfluß in cbm pro Sekunde ist,

2. $Q = \pi\,\dfrac{D^2\,v}{4}$, also: $v = \dfrac{4 \cdot Q}{\pi\,D^2}$.

Der Fließwiderstand h oder Druckverlust infolge Reibung ist entsprechend der allgemeinen Formel

3. $h = \alpha \cdot \beta \cdot \dfrac{L\,Q^2}{D^5} \cdot \dfrac{16}{\pi^2} \cdot d$

und der wirkliche Ausfluß Q daher .

4. $Q = \sqrt{\dfrac{1}{\alpha\,\beta}} \cdot \sqrt{\dfrac{h}{L} \cdot D^5 \cdot \dfrac{\pi}{4}} \cdot \sqrt{\dfrac{1}{d}}$.

Das ganze Problem des Fließens in einer Rohrleitung kommt also darauf hinaus, die Koeffizienten α bzw. β zu bestimmen oder wenigstens ihr Produkt $k = \alpha \cdot \beta$.

Wirkungsgrad der Pumpe. Er hängt ab von der sekundlichen Leistung Q der Rohrleitung, ausgedrückt in kg, und von dem Druckverlust h, ausgedrückt in Metern Wasserhöhe, der aus dem Widerstand der Flüssigkeit herrührt. Wenn man den Wirkungsgrad der Motorpumpe mit 0,6 annimmt, ist die verlangte Kraftleistung des Motors $\dfrac{Q \cdot (h \pm \text{Höhendifferenz})}{0{,}60}$ bzw. in Pferdekräften $\dfrac{Q \cdot (h \pm \text{Höhendifferenz})}{45}$. NB. $45 = 0{,}6 \cdot 75$.

Fließen im allgemeinen. Dünnflüssige und dickflüssige Öle sind getrennt zu betrachten. Zu ersteren rechnen Benzin, Leuchtpetroleum und auch Gasöl. Die Verhältnisse liegen ähnlich wie beim Wasser und die bekannten Formeln der Hydrodynamik können im großen und ganzen angewendet werden. Von den betreffenden Formeln scheint die von Darcy die genaueste zu sein:

$$h = d \cdot L \cdot Q^2 \left[\frac{0{,}001643}{D^5} + \frac{0{,}0000419}{D^6} \right].$$

h ist der Druckverlust in Metern Wasser,
D der Durchmesser der Rohrleitung in Metern,
d die Dichte der Flüssigkeit,
L die Länge der Leitung in Metern und
Q die Leistung in cbm pro Sekunde.

Die Formel von Darcy wird in den verschiedensten Gestalten wiedergegeben, z. B.:

$$h = 3{,}244 \, K \, \frac{L Q^2}{D^5} \cdot d$$

oder

$$Q = 0{,}555 \, \sqrt{\frac{1}{K}} \cdot \sqrt{\frac{h}{L} D^5} \cdot \sqrt{\frac{1}{d}} \cdot$$

Hierbei ist

$$K = 0{,}000507 + \frac{0{,}00001294}{D} \cdot$$

Je nach den Absätzen in der Rohrleitung schwankt der Druckverlust bis zum Doppelten des aus der Formel resultierenden Betrages. Immerhin hat man festgestellt, daß nach einer gewissen Zeit die Inkrustierungen, die von anderen Flüssigkeiten als Petroleum oder Öl herrührten, beim Gebrauch allmählich verschwanden, teils durch Ausgleich, teils durch Fortschwemmen.

Formel von Reynolds:
für glatte Wände

$$h = 0{,}00108 \, \frac{L \, Q^{1{,}8}}{D^{4{,}6}} \cdot d \, ,$$

für inkrustierte Wände

$$h = 0{,}00355 \, \frac{L \, Q^2}{D^5} \cdot d \, .$$

Dickflüssige Öle, z. B. Rohöl, Masut, Schmieröle, deren Verhältnisse insgesamt vom Wasser abweichen. In Amerika wendet man vielfach speziell für Rohrleitungen von 2—8 Zoll die Formel von Beeby-Thompson an. Seine Arbeiten sind außerordentlich interessant, weil er im Gegensatz zu anderen Forschern sehr ausführliche Tabellen veröffentlicht, aus denen man den für eine bestimmte Leistung am besten geeigneten Rohrdurchmesser entnehmen kann:

$$h = 4 \, \mu \, \frac{L}{D} \cdot \frac{V^2}{2 \, g} \cdot d \, .$$

h Druckverlust in Fuß Wasserhöhe,
L und D Länge bzw. Durchmesser in Fuß,
V Geschwindigkeit in Fuß pro Sekunde,
μ Koeffizient, der mit der Viskosität der Flüssigkeit schwankt,
d Dichte der Flüssigkeit.

Für Wasser und leichte Petroleumprodukte liegt μ bei 0,0075. μ steigt aber von diesem Wert bei sehr viskosen und asphaltreichen Ölen bis auf das sechsfache 0,0450.

Einige Werte von μ:

Herkunft	Ölart	Rohr $\ominus$	Länge	Öltemperatur	Wert von μ
Rumänien .	Rohöl 0,820	3″	22,5 km	—	0,0042
„ .	Paraffinhaltig	—	—	—	0,01
„ .	0,850	5″—4″	4″ 8,5 km 3″ 0,6 km	Warmes Wetter	0,0033
Kalifornien.	0,900	—	—	21° C	0,0147
„ .	0,880	—	—	—	0,0095
Oklahoma .	0,855	3″	13,5 km	21—24° C	0,0089
Birma	Paraffinhaltig	—	—	—	0,011

Formel von Poiseuille. Diese Formel wurde von der englischen Admiralität 1915 angewendet und gab zufriedenstellende Resultate. An und für sich ist die Formel alt und folgt aus Versuchen von Poiseuille über den Durchlauf von Flüssigkeiten in Kapillarröhren. Im System C.G.S. lautet sie:

$$h = d\left[40 \cdot \frac{L \cdot Q}{D^4} \cdot a\right].$$

h Druckverlust in Dynen pro qcm,
L Länge der Leitung in cm,
D Innerer Durchmesser in cm,
d Dichte,
Q Leistung in ccm pro Sekunde,
a Absolute Viskosität in Poisen.

Dabei ist $a = d\left[0{,}073185\,E - \dfrac{0{,}0631}{E}\right],$

E = Englergrad.

Um den Druckverlust in Kilogramm pro qcm statt in Dynen auszudrücken, muß man bedenken, daß eine Dyne ist = 0,00101937 g.

Rumänische Formel: Bei der Konstruktion der Rohrleitung Baicoi-Konstanza haben die rumänischen Ingenieure folgendes Gesetz entwickelt, welches jedoch nicht ganz genau ist:

Die Mengen Öle, welche durch eine Rohrleitung fließen, sind umgekehrt proportional den Englergraden der Viskosität. Wenn

Q Literdurchfluß pro Minute,
D Durchmesser der Rohrleitung in cm,
h totaler Druckverlust in m,
L Länge in m,
E Viskositäten in Englergraden,

gilt danach folgendes:

$$Q = \frac{19{,}9}{E} \sqrt{\frac{h}{L} D^5} \,, \quad \text{wobei} \quad \frac{Q}{Q'} = \frac{E'}{E} \,.$$

Für eine Rohrleitung von 5 Zoll Durchmesser für Leuchtöl 0,820 spezifisches Gewicht und 1,3 Viskosität, sowie für eine solche von 9 Zoll Durchmesser für Rohpetroleum 0,885 und Viskosität 1,8 ist die Formel recht genau.

Französische Formel:

Q Ausfluß in Litern pro Sekunde,
h Totaler Druckverlust in m,
L Länge in m,
D Durchmesser in Dezimetern,
k Je nach Art der Flüssigkeit

$$Q = k \cdot \frac{h}{L} D^{3,6} \,.$$

Diese Formel wurde 1910 für eine Rohrleitung von 600 m Länge angewendet, die 50 t russischen Masut stündlich transportieren sollte, spezifisches Gewicht 0,950/0,960, Fluidität nach Barbey 8 bei 15°. Bei 7° ist der Koeffizient k = 12. Die Formel scheint für Durchmesser von 20—150 mm genau zu sein. Oberhalb 150 mm fällt der Exponent 3,6 bis auf 2,5.

Formel von Guiselin: Nach ihr gelten folgende Gesetze:

1. Der Druckverlust nimmt mit der Viskosität zu.

2. Das Verhältnis des Druckverlustes für Öl und Wasser in einer Leitung schwankt ungefähr proportional den Englergraden und nicht deren Quadrat, wie die rumänische Formel annimmt.

3. Das Verhältnis der Leistung für Öl und Wasser in der Leistung schwankt mit der Viskosität, aber nicht nach dem einfachen Verhältnis der rumänischen Formel: $\dfrac{Q}{Q'} = \dfrac{E'}{E}$.

a) Formel für den Druckverlust in einer Rohrleitung von 5 Zoll Durchmesser

$$h' = E\left(1 + \frac{E}{50}\right)h.$$

h′ ist der Druckverlust bei der Ölleitung.

h Druckverlust bei Wasser gemäß der Formel von Darcy.

E Viskosität nach Engler.

b) Formel für den Durchfluß in einer Rohrleitung von 5 Zoll Durchmesser

$$Q' = Q\,\frac{1}{1 + \dfrac{E}{5}}$$

Q′ Öldurchfluß durch die Leitung beim Druck P.

Q Wasserdurchfluß, gemäß Formel Darcy bei gleichem Druck.

c) Tabelle.

Englergrade	Durchfluß durch 5″ Leitung	Entsprechender Druck
1	1	1
2	1	1,40
3	1	1,60
25	1	6,50
30	1	7,00

Anmerkung: Guiselin empfiehlt bei Verwendung der Formel Darcy die Resultate mit 0,7 zu multiplizieren.

Zusammenfassung. 1. Formel Darcy empfiehlt sich für leichte Petroleumprodukte und für Durchmesser zwischen 100 und 250 mm.

2. Die rumänische Formel für Petroleum mit einer Viskosität unter 1,5 Engler bei gewöhnlicher Temperatur.

3. Die Formel Guiselin für Öle mit einer Viskosität über 1,5 E. bei gewöhnlicher Temperatur.

4. Für Masut von 0,950 Dichte und 8° Barbey bei 15° die französische Formel.

5. Im allgemeinen für Öle die Formel von Poiseuille.

Einrichtung von Rohrleitungen. Bei Berechnung von Rohrleitungen und Pumpstationen muß man einen ziemlichen Spielraum lassen für Druck und Stärke der Pumpen, die eine bestimmte Menge fördern sollen. Man muß auf Krustenbildung infolge von schwefligen oder salzigen Substanzen sowie auf etwaige paraffinhaltige Produkte Rücksicht nehmen.

Die Rohre sind aus Stahl nahtlos gezogen und auf das Doppelte des Betriebsdruckes geprüft. Der Durchmesser schwankt zwischen 50 und 300 mm und die Enden sind mit Außengewinden versehen. Sie werden durch mit Bleiweiß gedichtete Muffen verbunden, deren Gewinde 8 Gang pro Zoll hat. Man schützt sie mit einem Asphaltanstrich gegen Rost, legt sie in eine Grube von 40—60 cm Tiefe und zwar meist entlang der Hauptstraßen. In sumpfigen oder salzigen Geländen, wie sie z. B. bei der Leitung Baku-Batum vorkommen, hält man die Rohrleitungen auf der Oberfläche durch Holzunterlagen.

Die Viskosität der Flüssigkeit ist verringert und daher die Leistung gesteigert, wenn man das Material, sei es vor dem Hineinpumpen, sei es auf dem Wege, mit Dampfschlangen oder auf elektrischem Wege erwärmt. Dies geschieht z. B. im allgemeinen in Kalifornien. Dort hat man auch Röhren mit schneckenförmigen Nuten probeweise in Betrieb gesetzt. Diese erteilen einer Mischung aus Masut und Wasser eine Rotationsbewegung. Dabei geht das Wasser an die Peripherie und der Masut gleitet schnell auf dem Wasser hin. Infolge der hohen Kosten hat man diese Art Rohrleitungen aufgegeben.

Alle 50—60 km richtet man Zwischenpumpstationen ein, die eine Anzahl Reservoire enthalten für den Fall einer Beschädigung des betreffenden Leitungsstückes. Zuweilen verwendet man zur inneren Reinigung der Rohrleitung einen kleinen automatischen Apparat, der Stahlbürsten hat und Go-devil heißt.

Bei großen Rohrleitungen hat man gewöhnlich sogenannte Compoundpumpen mit zwei Kompressionsphasen, die mit Dieselmotoren oder mit Dampfmaschinen betrieben werden. Letzterenfalls werden die Kessel mit Öl geheizt.

In bestimmten Entfernungen werden gut arbeitende Schieber eingebaut, um bei Beschädigungen oder zu Reparaturzwecken Leitungsteile abzusperren. Sie liegen meist in diebessicheren Gehäusen mit Sicherheitsschlössern.

Beispiel für die Berechnung einer Rohrleitung. Wir nehmen als Beispiel ein Stück der Linie Baku-Batum. Zwischen Baku-Zentrale und Djuvani Entfernung 55 km, Höhe von Baku-

Zentrale — 21,75 m bezogen auf Schwarzes Meer, Höhe von Djuvani — 11,40 m.

Leitungsdruck der beiden Pumpengruppen April 1920 28 kg.

Leistung der beiden Pumpengruppen April 1920 stündlich 104,832 Tonnen Petroleum 0,820, d. h. 0,035 cbm in der Sekunde.

Durchmesser der Rohrleitung 203 mm.

Wendet man in diesem Falle die Formel von Darcy an, ergibt sich der Druckverlust durch Reibung zu 299 m plus effektiver Höhendifferenz (10,35), d. h. 309,35 m, was einem Druck von 30,9 kg entspricht. Die Berechnung ergibt nur 3 kg mehr als der wirkliche Druck beträgt, was ganz annehmbar ist; in vorliegendem Fall scheint die Formel von Darcy zu passen. Angenommen, man hätte Masut in dieser für Petroleum konstruierten Leitung zu transportieren und berechnet die Leistung für einen mittleren Druck von 30 kg, wie es 1920 der Fall war. Der Druckverlust infolge Reibung ist dann 300 — 10,35 = 289,65 m, also 29 kg pro qm.

Setzt man in die Formel von Poiseuille

$$h = d \left[40 \, \frac{L \cdot Q}{D^4} \cdot a \right]$$

die Zahlen von russischem Masut

$$d = 0,910, \text{ Viskosität bei } 15 : 30^\circ \text{ E.}$$

ein, d. h. in absoluter Viskosität

$$a = 0,910 \left(0,07318 \cdot 30 - \frac{0,0631}{30} \right) = 1,9959 \text{ Poisen,}$$

so gilt die Formel in C.G.S.-Einheiten (d. h. nach Umwandlung von h in Dynen):

$$29000 \cdot 981 = 0,910 \cdot 40 \cdot \frac{5500000 \cdot Q}{20,3^4} \cdot 1,9959.$$

Daraus ergibt sich die Leistung Q = 12065,8 ccm in der Sekunde = 39,5 t Masut in der Stunde.

21. Verbrennung.

Acht wichtige Faktoren beherrschen die Güte der Verbrennung von Öl am Kessel. Von ihrer Kenntnis hängt die richtige Anwendung des flüssigen Brennstoffes ab und ebenso die Rauchverzehrung, die vor allen Dingen auf Kriegsschiffen besonders wichtig ist. Nachstehend findet man einige Angaben über jeden der Faktoren:

a) Luftmenge.

Darunter versteht man diejenige Menge in Kubikmetern, die zwecks Verbrennung von den Ventilatoren pro Kilo verbrannten Brennstoffes unter bestimmtem Druck zu liefern ist.

Bei Luftmangel geht infolge unvollständiger Verbrennung mit unverbranntem Kohlenoxyd durch den Schornstein Wärme verloren. Luftüberschuß bewirkt Abkühlung der Heizfläche und man verliert gleichfalls Wärme. Die zugeführte Luftmenge muß also genau auf den Brennstoff eingestellt werden und die Verbrennungsluft ist möglichst vorzuwärmen. Die Schornsteingase dürfen keine oder höchstens nur ganz geringe Mengen von Wasserstoff, Kohlenoxyd und Kohlenwasserstoff enthalten, wohl aber müssen die richtigen Mengen von Kohlensäure, Sauerstoff und Stickstoff vorhanden sein. Unter guten Verhältnissen liegt der Kohlensäuregehalt zwischen 12 und 15%, der Gehalt an Sauerstoff soll höchstens 6% betragen und Kohlenoxyd darf nicht vorhanden sein. Es ist bekannt, daß, um 1 kg Kohlenstoff zu verbrennen, theoretisch 11 kg Luft $=$ 8,97 cbm, praktisch aber 15 cbm, erforderlich sind. Für Öl ist die erforderliche Menge noch größer.

Ein rumänischer Masut z. B. enthält

$$86 \% \text{ Kohlenstoff,}$$
$$12 \% \text{ Wasserstoff,}$$
$$2 \% \text{ Sauerstoff.}$$

Für 1 kg Wasserstoff gebraucht man 8 kg, für 1 kg Kohlenstoff 2,6 kg Sauerstoff, infolgedessen verlangt die Verbrennung eines Kilos Masut

$$0{,}12 \cdot 8 + 0{,}86 \cdot 2{,}6 = 3{,}196 \text{ kg Sauerstoff.}$$

100 kg Luft enthalten unter normalen Bedingungen 23 kg Sauerstoff; 3,196 kg Sauerstoff entsprechen also

$$\frac{100 \cdot 3{,}196}{23} = 13{,}895 \text{ kg Luft,}$$

und da 1 cbm Luft 1,293 kg wiegt, sind dies $\dfrac{13{,}895}{1{,}293}$, d. h. rund 11 cbm Luft. Diese 11 cbm müßten theoretisch genügen, aber wie es die Praxis schon bei der Verbrennung von Kohle zeigt, muß man wesentlich mehr Luft anwenden und zwar durchschnittlich 25 cbm auf 1 kg Masut.

b) Luftdruck.

Der Druck, mit welchem die Ventilatoren die Luft liefern, hängt für die nach bekannter Weise errechneten Mengen vom Querschnitt der Eintrittsöffnungen in die Kessel ab. Er wechselt daher je nach dem Kesseltyp und dem Verbrennungsvorgang und wird durch Manometer nach Millimeter Wasserdruck gemessen. Der erforderliche Luftdruck schwankt von 110 mm bis 200 mm, letzteres für Heizkessel in Torpedobooten. Die Wirkung des Ventilators ist bestimmt durch seine Lieferung an Luft von bestimmtem Druck. Zum Beispiel wird für eine der Heizbatterien eines Torpedobootes mit 2 Kesseln und 9 Brennern bei 250 kg Masut stündlicher Verbrennung an Luft verbraucht

$$\frac{250 \cdot 18}{60} \cdot 25 = 1875 \text{ cbm Luft in der Minute}$$

unter einem Druck von 140 mm. Um auf die praktisch unvermeidlichen Verluste an Menge und Druck Rücksicht zu nehmen, wird man etwa 10 % mehr vorsehen und 2 Ventilatoren mit je 1000 cbm minutlicher Leistung unter 140 mm Druck einbauen. Durch Vernachlässigung des Faktors Luftdruck hat man den Fehler begangen, in die ersten mit Masut geheizten Torpedoboote zu schwache Ventilatoren einzubauen.

c) Verhältnis $\dfrac{V}{S}$.

Das Verhältnis $\dfrac{V}{S}$ zwischen dem Volumen der Verbrennungskammer in cbm und der benutzten Kesseloberfläche in qm muß konstant sein. $\dfrac{V}{S} = k$. Mit anderen Worten, wenn man bei der Konstruktion eines Kessels von einer bestimmten Heizfläche ausgeht, muß man einen Verbrennungsraum von Volumen $V = S \cdot k$ nehmen, damit die Verbrennung in dieser Kammer vollständig wird und weder zu hohe Temperaturen im Schornstein noch Vibrationen infolge häufigen aufeinander folgenden Auslöschens und Wiederentzündens der Flamme entstehen. Im allgemeinen liegt k zwischen 0,025 und 0,030.

d) Zerstäubung.

Die gute Zerstäubung des Öles durch die Brenner verlangt bei diesen sorgfältige Instandhaltung der mechanischen Teile und beim Öl angemessene Flüssigkeit. Letztere hängt von der Vorwärmung ab, die an Stellen, wo Feuersgefahr herrscht, natürlich beschränkt ist, so speziell bei Schiffen. Wie oben bereits ausgeführt, ist die beste Flüssigkeit am Brennermund etwa 8° E; sie entspricht meistens einer Öltemperatur am Brenner von mindestens $10-15^\circ$ unter dem Brennpunkt. Wenn keine Feuersgefahr vorliegt, kann man die Zerstäubung besonders weit treiben, indem man durch angemessene Erhitzung den Masut fast in Gas verwandelt. Wenn man allerdings die Leistung eines Brenners kurvenmäßig nach der Flüssigkeit des Masuts aufzeichnet, findet man einen Knick, welcher einer bestimmten Flüssigkeit bzw. Temperatur entspricht, von der an die Leistung nicht mehr wächst, sondern langsam abnimmt.

Mechanische Zerstäubung ist ungenügend, wenn der Druck unter 5 kg fällt, der Wirkungsgrad steigt von 5 bis 12 kg allmählich an.

e) Mischung von Luft und Ölstaub.

Die notwendige innige Mischung von Luft und zerstäubtem Öl wird erzielt, indem man der Luft bei ihrem Eintritt in die Verbrennungskammer eine Drehbewegung erteilt, welche der des Öles entgegengesetzt ist, unter entsprechender Regelung des Einspritzkegels. Dieser muß die Peripherie der Heizwand tangential treffen, um die ganze Luft durchzuzwingen. Luftzuführungen, die nicht in Betrieb sind, müssen geschlossen gehalten werden und die tätigen Brenner müssen symmetrisch über die Kessel verteilt sein.

f) Verbrennungsmengen.

Pro cbm Verbrennungsraum sind zwischen 200 und 300 kg Öl zu verbrennen, d. h. bei einem Verhältnis $\dfrac{V}{S} = 0{,}025 \; 5-7\,^1/_2$ kg pro qm Heizfläche. Innerhalb dieser Grenzen liegen die Zahlen einer rationellen Heizung.

g) Temperatur und Zusammensetzung der Verbrennungsgase.

Die Temperatur wird meist mit Hilfe eines Pyrometers am unteren Ende des Schornsteins gemessen. Sie darf 300° im allgemeinen nicht überschreiten. Die Zusammensetzung der Verbrennungsgase wird im allgemeinen mit dem Orsatapparat bestimmt. Die vollständige Verbrennung von 1 kg Kohle ergibt 3,6 kg Kohlensäure und 8,9 kg Stickstoff, also zusammen 12,5 kg Gas. Für 1 kg Masut sind die Zahlen

$$3 \text{ kg Kohlensäure,}$$
$$11 \text{ kg Stickstoff,}$$
$$1 \text{ kg Wasserdampf,}$$

zusammen 15 kg Gas. Bei einer spezifischen Wärme der Gase von 0,24 und 300° Abgangstemperatur ist der Verlust für ein Heizöl Type A mit 10600 Kalorien

$$\frac{0,24 \cdot 300 \cdot 15}{10600} = 10\,\%$$

der entwickelten Wärme.

h) Verdampfungsvermögen.

Damit bezeichnet man die Mengen Wasser, welche in einem bestimmten Kesseltyp durch Verbrennen eines Kilo Masut verdampft werden. Als Beispiel dienen folgende Zahlen: (Wasser von 13° C).

1 kg Kohle im Kessel Belleville 8,100 kg,
1 kg Masut im Kessel du Temple eines Torpedobootes 10,750 kg.

22. Heizung durch Öl.

Man kann Öl auf verschiedene Weise unter einem Kessel bzw. in einem Herd verbrennen. Folgende sind die wichtigsten:

1. Durch einfaches Ausfließenlassen in den Herd. Ein Druckgefäß läßt den Masut durch eine entsprechende Vorrichtung mit Regulierungshahn austreten. So geschieht es z. B. im Kaukasus in den Haushaltungen usw. Die Anwendung ist natürlich beschränkt.

2. Durch Vergasung.

Der Masut wird weit über seinen Flammpunkt erhitzt und kommt daher in gasförmigem Zustand zu dem Brenner. Diese Methode, welche eine gute Verbrennung und eine vollkommene Mischung von Luft und Brennstoff gibt, hat den Nachteil der Koksablagerungen in den Leitungen und den Brennern. Überdies kann irgendeine Beschädigung der Leitung Brand hervorrufen.

3. Zerstäubung durch Druckluft.

4. Zerstäubung durch Dampf.

Beide Systeme geben gute Resultate auf festem Erdboden, wo beide Zerstäubungsmedien billig beschafft werden können. Die Zerstäubung durch Dampf geschieht meist durch überhitzten Dampf, und die von ihm mitgeführte Wärme und sein Gehalt an Sauerstoff sind eine schätzenswerte Unterstützung für eine gute Verbrennung. Infolgedessen verdrängt diese Methode die Zerstäubung mit Druckluft immer mehr.

5. Brenner mit mechanischer Zerstäubung.

Diese Methode wird allgemein auf Schiffen angewendet. Man preßt das vorgewärmte Öl derartig in einen Brenner, wobei es eine starke Rotationsbewegung erhält, daß es beim Austritt gewissermaßen atomisiert wird. Diese Drehbewegung wird im letzten Teil des Brenners erzielt und zwar mit Hilfe von schraubenförmigen Zügen oder durch Züge, welche sämtlich Tangenten zu einem Querschnitt sind. Die Güte der Einrichtung und Instandhaltung, der sorgfältige Bau der Apparate im ganzen und im einzelnen haben sehr großen Einfluß auf die Güte der Zerstäubung.

23. Ölheizungsanlage auf einem Schiffe.

Sie besteht aus einer besonderen Zündvorrichtung: das Heizöl läuft unter dem Druck einer Handpumpe durch ein am eigentlichen Brenner befestigtes Schlangenrohr, das durch mit Petroleum getränkte Wergstücke erhitzt wird. Nach Entzündung des Öles bewirkt die Flamme dann selbst die Vorerhitzung. Wenn der Kesseldruck dann genügt, um die Heizölpumpe in Betrieb zu setzen, läßt man das Öl durch zwei Saugfilter ansaugen. Vielfach benutzt man für Heizölpumpen langsam laufende vertikale „Worthington"-Pumpen. Durch geeignete Anordnung von Windkesseln und Ventilen wird für Regelung des Öldruckes im Brenner und Vermeidung der die gleichmäßige Zerstäubung störenden Pulsationen gesorgt. Das Öl geht dann durch den Vorwärmer, wo dampfdurchströmte Röhren es etwas über die erforderliche Temperatur erhitzen.

Das vorerwärmte Öl geht durch zwei Druckfilter, die im Betrieb beobachtet werden können, zum Verteiler, der mit Thermometer versehen ist und für jeden Brenner, der aus ihm gespeist wird, ein Ventil hat.

Die von den Ventilatoren gelieferte Heizluft läuft durch regulierbare Schieber in die Verbrennungskammer und erhält dabei eine Drehbewegung entgegengesetzt der des zerstäubten Öles. Die Luft kann in den Feuerraum direkt oder besser nach Vorwärmung gepreßt werden.

Der Heizraum wurde früher auf fünf Seiten mit hochfeuerfestem Material auf Kaolinbasis, das bis zu 1500° oder sogar 2000° beständig war, ausgekleidet. Für die Ausdehnung mußten mit Asbest gefüllte Zwischenräume ausgespart werden. Neuerdings hat man gefunden, daß die allgemeine Auskleidung Nachteile hat. Man begnügt sich, bestimmte, ganz besonders beanspruchte Stellen mit feuerfestem Material zu schützen.

Die ganze Konstruktion von Heizölanlagen vom Saugventil bis zum Brenner ist noch nicht endgültig ausgebildet. Zahlreiche neue Konstruktionen werden eingeführt und ausprobiert. Zum Beispiel pflegt man jetzt die Inbetriebsetzung vielfach mit einer Hilfsheizungsanlage, die mit Petroleum arbeitet, vorzunehmen und diese durch vorrätige Druckluft oder komprimierte Kohlensäure in Betrieb zu setzen.

Mit Rücksicht auf den chemischen Zweck dieses Buches verweisen wir für die Beschreibung der Anlagen im allgemeinen und der Brenner im einzelnen auf folgende Bücher:

Essich: Die Ölfeuerungstechnik. Berlin 1921.
Colomer & Lordier: Combustibles Industriels. Paris 1919.
Dunn: Industrial Uses of Fuel Oil. 1916.

Die neuesten Berichte finden sich in Zeitschriften wie „Archiv für Wärmewirtschaft", „Stahl und Eisen", „Feuerungstechnik", „Werft, Reederei, Hafen", „Petroleum" u. a.

24. Brenner.

Einen gewissen Verbreitungskreis haben die nachstehend aufgeführten Brennertypen bekommen. Wegen ihrer Beschreibung wird auf die vorgenannte Literatur verwiesen.

1. Brenner für Hütten- und Schmelzöfen.

System Brandt mit Dampfzerstäubung.
   „   Loy-Aubé mit Zerstäubung durch komprimierte Luft.
   „   Koerting mit Vergasung für Siemens-Martin-Öfen.
   „   Omega mit geblasener Luft.
   „   Minne mit komprimierter Luft.
   „   Wagner-Cannstadt.

2. Brenner für Lokomotiven und Lokomobilen.

Walsend-Howden altes und neues Modell mit Dampfzerstäubung.

Russische Apparate:	*Englische Apparate:*
Urqhardt mit Dampf	Holden
Riasan-Ural „ „	Taite & Carlton
Karapetoff „ „	Clarkson.
Tvardofsky „ „	
Artenef „ „	*Amerikanische Apparate:*
Lenz „ „	Booth
	Lundholm
Französische Systeme:	Baldwin Lokomotivwerke.
Santenard	
Vétillard-Scherding	*Deutsche Apparate:*
Seigle.	Koerting.

3. Brenner für ortsfeste Kessel.

a) Brenner mit Dampfzerstäubung:

Urqhardt	Omega
Holden	Sherding
Rusden-Eeles	Du Temple, Type C
Ordes	Wolff
Dragu	Major Sclia
Lassoe	Williams
Cuniberti	Issaief
Cosmovici	Beresnef.
Babcock & Wilcox	

b) Brenner mit Zerstäubung durch komprimierte Luft:

Lapusmeanu	Curle's.
Best	Kermode
Belleville	u. a.

c) Brenner mit gemischter Zerstäubung:
Scientific.

d) Brenner für vergastes Petroleum:
Durr.

e) Brenner mit mechanischer Zerstäubung:
Hierzu gehören alle Brenner unter Marinekesseln (siehe nachstehend).

Brenner für Marinekessel mit mechanischer Zerstäubung:

Du Temple, Type A und B	Swenson
Forges et Chantiers de la Méditerranée	Thornycroft
	Thompson
Kermode	Vulkan
Normand	Deutsche Werft
Niclausse	Schichau
Koerting	White
Wallsend-Howden	usw.

25. Betriebsbeispiel.

Aus einer eingehenden Beschreibung einer neuen Ölheizungsanlage auf modernen Dampfern der Hamburg-Südamerikanischen Dampfschiffahrts-Gesellschaft[1]) mögen hier einige allgemein interessierende Punkte erwähnt werden. Wegen Einzelheiten muß auf die Originalartikel verwiesen werden.

Das Schiff hat eine Anzahl Ölbunker, die durch Dampfschlangen beheizt werden können, um zähflüssiges Öl pumpfähig zu machen. Aus diesen geht es in die Tages- oder Setztanks, in denen sich aus dem auf etwa 40° vorgewärmten Öl etwa vorhandenes Wasser ausscheidet. Eine Pumpe saugt das Öl durch ein Saugfilter und drückt es durch einen Vorwärmer, in welchem das Öl auf die richtige Temperatur vorgewärmt wird, über einen Windkessel und ein Druckfilter in einer verzweigten Leitung zu den Brennerdüsen, in denen es unter einem Druck von 5 bis 12 Atm. zerstäubt wird. Der Vorwärmer wird mit Hochdruckdampf von etwa 14 Atm. geheizt, steht also unter Kesselspannung. Da das Öl selbst nur unter einem Druck zwischen 5 und 10 Atm. steht, kann in Fällen von Undichtigkeiten kein Öl in die Dampfleitungen und so in den Kessel kommen. Undichtigkeiten würden sich sofort durch Austreten von Wasserdampf zeigen.

---

[1]) Jahrb. d. Schiffbaut. Ges. Bd. 24, S. 172 bzw. Z. V. d. J. 1924, Nr. 18.

Tabelle 2. Lieferungsbedingungen

Marine	Herkunft	Dichte	Reinheit	Säuregehalt	Stockpunkt
England . .	Texas, Persien, Indien, Rumänien	—	kein Rückstand auf Metallfilter von 16 Maschen pro 1 Zoll	nicht über 0,05%	—
Frankreich .	Texasöl A	0,890 bis 0,960	Rückstand unter 0,5% auf Sieb Nr. 70	frei von Mineralsäuren. Spuren von organ. Säuren gestattet	unter — 5° C
	Rumänien	do.	nur Spuren auf Sieb Nr. 70	do.	do.
Italien . .	Ver. Staaten Rumänien	über 0,892/20°	max. 1% fremde Stoffe	—	—
Rumänien .	Rumänien	0,920 bis 0,960/15°	—	—	+ 30°
Ver. Staaten (Navy Standard) . . .	—	—	Wasser und Sand max.1%	—	—
do.	—	—	—	—	—
Bunkeröl A .	—	—	do.	—	—
„ B .	—	—	do.	—	—
„ C .	—	—	do.	—	—
Deutschland (Marine) . .	SteinkohlenTeeröl	über 1,0	rein	—	über + 8° ausscheidungsfrei
HamburgSüdamerikaLinie . . .	—	—	rein	säurefrei	—

für Heizöle.

Flammpunkt	Viskosität	Schwefel-gehalt	Heizkraft	Wassergehalt
über 79,45° C bei dicken Ölen über 93,34	Bei 32° F nicht über 2000'' für 50ccm Reedwood	nicht über 3%	—	unter 0,50%
über 79° C	nicht unter 14° Barbey bei 15° C [max. 47,5 E]	unter 2,5%	über 10300 Kal.	unter 0,50%
do.	nicht unter 7° Barbey bei 15° C [max. 95° E]	unter 0,75%	über 10500 Kal.	unter 1%
über 100° C Pensky-Martens	V_{20} 9—10° E V_{50} 2—3° E	nicht über 0,6%	do.	max. 1% Fremdstoffe
80° o. T.	V_{50} 15—25° E	—	—	max. 0,75%
min. 150° F. P.-M. Wenn Viskosität über 30' bei 150° Sey-bold-Furol, soll Flammpunkt nicht unter der 30' entsprechen-den Temperatur sein (= 8° E)	max. 140''/70° F (40° E) im Seybold-Furol	—	—	maximal 1% fremde Stoffe
	—	—	—	
	do.	—	—	
	max. 100''/122° F Seybold-Furol	—	—	
	max. 350''/122° F Seybold-Furol	—	—	
min 75° C P.-M.	—	—	8500 Kal.	max. 1%
min. 65° C P.-M.	—	—	über 9000 Kal.	Spuren

42 Betriebsbeispiel.

Die zur Verbrennung erforderliche Luft wird durch ein Ölgebläse erzeugt, durch einen im Rauchfang angeordneten Luftvorwärmer vorgewärmt und dann in den Verbrennungsraum geleitet. Das Öl wird im allgemeinen auf 115—120° an der Düse vorgewärmt, und auf dieselbe Temperatur kann man die Luft bringen; dann mischen sich Ölnebel und Luft ruhig ohne Volumenänderungen. Prinzip ist, daß man sämtliche Apparaturen, speziell Druckleitungen, doppelt legt, um eine vollwertige Betriebsreserve zu haben.

Die Praxis des Dampferbetriebes auf Cap Norte der Hamburg-Südamerikanischen Dampfschiffahrts-Gesellschaft ergab nachstehende Zahlen, die allgemeines Interesse haben dürften.

In Betrieb 5 Kessel mit 15 Brennern.

Heizöldruck vor der Düse 9—10 Atm.

Heizöltemperatur vor der Düse 120° C.

Druck der Verbrennungsluft vor der Düse 32 mm W. S.

Temperatur der Verbrennungsluft vor der Düse 115—120° C.

Temperatur der Abgase im Schornstein 230—260° C.

Indizierte Leistung im Durchschnitt 6728 PS.

Brennstoffverbrauch einschließlich aller Hilfsmaschinen und Dampfverbraucher im Schiffe 0,434 kg pro indizierte PSh.

Temperatur des Speisewassers 120° C.

Temperatur des Heizdampfes vor dem Hauptabsperrventil 305—315° C.

Erzeugter Dampf auf 1 qm Heizfläche 28 kg pro Stunde.

Verdampfungsziffer 13.

Tabelle 3. Analysen von Heizölen.

Bezeichnung	Baku	Heizöl A (Texas)			Mexiko	Kalifornien	Persien
Dichte . . .	0,910	0,923	0,915	0,910	0,960	0.940	0,890
Säuregehalt .	—	organ. Säure 0,05%			—	—	—
Stockpunkt .	— 19,5°	bei — 5° C flüssig			—	—	—
Flammpunkt .	140	99	95	104	115 o. T.	105	100
Brennpunkt .	150	—	—	—	140	130	125
Viskosität (Engler)	$5,{}^{69}/_{50}{}^{\circ}$	${}^{22}/_{15}{}^{\circ}$	${}^{21}/_{15}{}^{\circ}$	$27,{}^{6}/_{15}{}^{\circ}$	${}^{11}/_{75}{}^{\circ}$	${}^{5}/_{50}{}^{\circ}$	${}^{10}/_{20}{}^{\circ}$
Schwefelgehalt	—	1,63%	0,73%	1,29%	4,2%	1,2	1,5
Heizwert . .	—	10650	10697	10615	9700	9900	10000
Wassergehalt .	—	—	—	—	Spuren	—	—

26. Zollgesetzgebung.

In Deutschland kostet Masut, welcher nach den Definitionen der Zollbehörde als Schmieröl angesehen wird, einen Zoll von M. 12.— per 100 Kilogramm netto bzw. M. 10.— per 100 Kilogramm brutto. Letztere Verzollung kommt, da Masut im allgemeinen in Tankschiffen eingeführt wird, nicht in Frage. Nicht als Schmieröl sondern als Mineralöl mit einem Zollsatz von M. 6.— per 100 Kilogramm brutto werden solche Produkte angesehen, bei denen bei der fraktionierten Destillation bis 300° C mehr als 70 Raumteile überdestillieren; destillieren weniger als 70 Raumteile über, so ist das Öl nur dann als Schmieröl zu verzollen, wenn es einen höheren Flammpunkt als 50° Abel oder ein höheres spezifisches Gewicht als 0,885 oder einen höheren Paraffingehalt als 8 % hat. Gasöl mit einem spezifischen Gewicht von mehr als 0,830 zur Verwendung in Dieselmotoren unterliegt unter gewissen Umständen einem ermäßigten Zollsatz von M. 1.80 per 100 Kilogramm netto.

27. Tankdampferstatistik.

Die Tankdampferflotte der Welt betrug 1914 $1\frac{1}{2}$ Millionen Tonnen. Sie stieg nach dem Kriege von Jahr zu Jahr und betrug Anfang 1924 über 5 Millionen Tonnen.

Davon gehörten

Vereinigte Staaten	466 Schiffe	= $2\frac{1}{2}$ Millionen t,	
Groß-Britannien .	367 „	= 1,9 „	„
Norwegen . . .	37 „	= 200 000 t,	
Holland	43 „	= 126 000 „	
Frankreich . . .	23 „	= 110 000 „	
Deutschland . .	10 „	= 34 000 „	
Gesamtmenge	1036 Schiffe	= 5,2 Millionen t.	

Im Bau waren insgesamt 35 Schiffe mit etwa 200 000 Tonnen. Als größtes Tankschiff der Welt gilt der Dampfer John D. Archbold der California Petrol Corp., welcher gelegentlich einer seiner letzten Reisen 143 000 Faß Rohöl = 21 000 t in 5 Std. 41 Min. einlud.

28. Vorschriften des Bureau Veritas.

Das Bureau hat im Jahre 1923 ausführliche Vorschriften über Konstruktion von Tankschiffen, Lagerung von flüssigen Brennstoffen und über die Einrichtung von Heizanlagen veröffentlicht.

Man findet darin von berühmten Spezialisten vorzügliche Angaben über die Einrichtungen, welche ein Maximum von Sicherheit auf den Schiffen geben. Das Bureau Veritas nimmt als Grenze für den Flammpunkt 65°; ist er tiefer, so treten ganz besonders strenge Vorschriften für die ganzen technischen Details in Kraft.

Ausführliche Vorschriften sind für deutsche Verhältnisse von der Hamburger Polizeibehörde erlassen worden, die sich eingehend mit der Lagerung und Handhabung von flüssigen Brennstoffen befassen. Für die Konstruktion von Tankschiffen und ölbefeuerten Dampfern hat der für die deutschen Werften maßgebende Germanische Lloyd Normen aufgestellt. Auf beide sei hier nur hingewiesen; für Einzelheiten sind die betreffenden ausführlichen Veröffentlichungen nachzuschlagen.

29. Explosionsgefahr in Ölleitungen.

Nach Untersuchungen von Le Chatelier ist die untere Grenze der Zündbarkeit für Kohlenwasserstoffe der Metanreihe, die die hauptsächlichsten Bestandteile des Petroleums bilden, 0,8—1,3 % in bezug auf Luft. Um unter diesen Zahlen zu bleiben, genügt es, die Leitungen mindestens 15° unter den Flammpunkt zu halten, überall gut zu lüften, namentlich im Sommer und in den Tropenländern. Natürlich ist in der Nähe der Rohrleitungen das Rauchen zu untersagen. Bei guter Lüftung ist der Gasgehalt im allgemeinen nicht über 0,04 %.

Pentan mit 31° Siedepunkt und Nonan mit 150° sowie die dazwischen liegenden Hexan, Heptan und Oktan mit 69°, 93 und 125° sind die gefährlichsten. Namentlich die letzteren drei gesättigten Kohlenwasserstoffe haben Siedepunkte, die sehr nahe bei dem Flammpunkt der meist angewandten Sorten Heizöl liegen. Sie sind daher am ehesten geeignet, mit Luft explosive Gemische zu bilden.

Gewisse Petroleumarten enthalten allerdings wesentlich weniger flüchtige Kohlenwasserstoffe. So geben die von Pechelbronn nur Gase ab, die erst im Gemisch von 3—4 % zu Luft explodieren.

30. Reservoire.

A. Eiserne Reservoire.

In den Vereinigten Staaten verwendet man hauptsächlich eiserne Reservoire vom Typ Standard-Oil von 5920 cbm und 8800 cbm. Es gibt allerdings auch Betonreservoire von 80 000 cbm

und ausnahmsweise sogar von 160000 cbm. An ihren Lagerstellen sind die Reservoire gewöhnlich je 166 m von Mittelpunkt
zu Mittelpunkt entfernt und mit gemauerten oder Erdwällen umgeben, um Brände zu lokalisieren. Bei einem Reservoir von
8800 cbm sind die Anordnungen im einzelnen wie folgt:

Zwei Mannlöcher im untersten Schuß und acht Sicherheitsventile an der Decke, die im Falle von Gefahr sich von unten
nach oben öffnen. Diese Sicherheitsventile, die besonders für
Benzin- und Petroleumtanks angeordnet werden, finden sich auch
bei Masuttanks in Gegenden, wo häufig Gewitter eintreten. Sie
bestehen aus einer kreisförmigen ebenen Scheibe aus Aluminium
mit 2 % Mangan, welche längs eines bronzenen Führungsgestänges
bis zu einem Knaggen gleitet. Die freie Öffnung ist ungefähr 1,066 m.
Die Ventilscheibe ruht durch ihr eigenes Gewicht auf ihrem Sitz.

Das Reservoir hat 44 m Durchmesser und ist 9,5 m hoch.
Es ruht auf einer Schicht ölhaltigen Sandes[1]); der Boden ist mit
Rostschutzfarbe gestrichen.

Der Bau besteht aus sechs Mantelringen von je 1,52 m Höhe
und je 4,56 m Länge. Die Dicke nimmt von oben nach unten zu.

1. Ring 14,287 mm,		4. Ring 7,937 mm	
2. „ 12,700 „		5. „ 6,350 „	
3. „ 10,300 „		6. „ 6,350 „	

Die Bodenbleche haben in der Mitte 6,350 und an der Peripherie 7,937, die der Decke 4,762; sie sind aus Bessemer- oder
Tiegelstahl. Der Boden und die horizontalen Verbindungen sind
in einer einzigen Reihe überlappt vernietet. Die vertikalen Nie-
tungen sind 2- und 3reihig.

Bleche,
Zugfestigkeit 55—65 kg

Bessemerstahl, Phosphor < 0,10 %
Tiegelstahl „ < 0,07 %

Niete,
Zugfestigkeit 46—56 kg

Bessemerstahl, Phosphor < 0,06 %
„ Schwefel < 0,045 %
Tiegelstahl, Phosphor < 0,045 %
„ Schwefel < 0,045 %

Das Saugrohr kann mit Hilfe einer Winde und eines Ge-
lenkes bis an die Oberfläche der Flüssigkeit geführt werden.
Ein gut gepflegtes Reservoir, das regelmäßig nachgestrichen wird

---

[1]) Empfehlenswert ist auch eine Asphaltschicht.

und gut fundamentiert ist, kann bis auf die Decke 35 bis 45 Jahre halten.

Berechnung der Blechdicke eines Reservoirs.

Bei einem zylindrischen Reservoir seien:

H die Höhe in Metern,

D Durchmesser in Metern,

r_α die Zuglast der Bleche in kg,

d das spezifische Gewicht der Flüssigkeit,

e die Dicke des Bleches in mm.

In der Höhe H unterhalb des Flüssigkeitsniveaus geht die Ebene AB. Zu berechnen sind die Zugkräfte an den Schnitt-

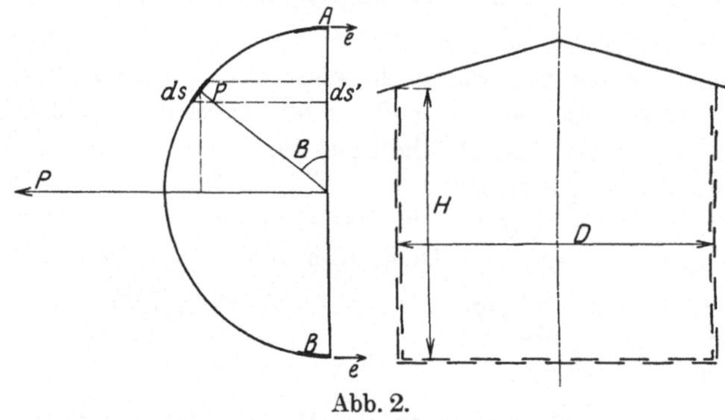

Abb. 2.

stellen A und B von der Dicke e. Ein Element der Oberfläche ds empfängt den Druck pk pro qmm.

Als Sicherheitsbelastung ist also zu setzen:

$$P = 2\,e \cdot r_\alpha = \Sigma\,p\,ds\,\sin\beta.$$

Da aber $ds' = ds \cdot \sin\beta$, folgt

$$2\,e\,r_\alpha = \Sigma\,p\,ds' \quad \text{bzw. unter Integration:}$$

$$2\,e\,r_\alpha = \int_0^{180} p\,ds' = p \cdot \overline{AB} \quad (AB\ \text{in mm}).$$

$$2\,e\,r_\alpha = p \cdot 1000\,D.$$

Der Druck pk pro qmm entspricht einem Druck p pro qcm einer Flüssigkeitssäule von H m Höhe, so daß

$$p' = \frac{d \cdot H}{10}$$

infolgedessen
$$p = \frac{p'}{100} = \frac{d \cdot H}{1000},$$

und die Dicke ist

$$e = \frac{d \cdot H \cdot D}{2\, r_\alpha}.$$

Die Dicke e des Bleches hängt also von der Höhe der Flüssigkeit ab, welche sie zu tragen hat; sie wächst von oben nach unten. Man baut die Reservoire möglichst nicht über 12 m hoch. In der Praxis ist der Koeffizient r des Blechmetalles zu multiplizieren mit dem Koeffizienten $\alpha = 0{,}56$, $0{,}7$ oder $0{,}75$, je nachdem die Nietreihen einfach, zweifach oder dreifach sind.

Man muß erfahrungsgemäß die für den unteren Teil des Ringes berechnete Blechdicke um $3-4$ mm je nach dem Material verstärken.

Das Blech des Daches ist gewöhnlich 3 mm stark, das des Bodens $7-10$ mm, je nach Festigkeit des Grundes.

Der kubische Ausdehnungskoeffizient eines Reservoirs aus Stahlblech ist $0{,}000033$, der des Masuts ist $0{,}00065$. Die scheinbare Ausdehnung des Masuts in einem Tank ist also $0{,}000617$ pro Grad.

Beispiel für eine Tankanlage. Die Deutsch-Amerikanische Petroleum-Gesellschaft (Gruppe Standard Oil) hat im Hamburger Freihafen auf einer Fläche von etwa 9000 qm 48 Tanks (bis zu 10 000 cbm Einzelinhalt) von zusammen 110 000 cbm Fassung für Benzin, Petroleum, Gas- und Heizöl stehen. Rohrleitungen von $2-14''\ominus$ verbinden sie untereinander. Die Befüllung erfolgt aus den Tankschiffen direkt. Maximalleistung stündlich 1000 t durch eine Leitung von $14''\ominus$.

Die Anlage hat dreifache Feuersicherung: durch Schaumlöschverfahren, Dampfbelegung der Tanks im Inneren und äußere Wasserberieselung.

Pneumerkator. Der Pneumerkator gestattet durch einfache Ablesung seiner graduierten Skala das Gewicht des Öles in einem Reservoir oder vorhandenem Gefäß abzulesen. Er besteht aus einer Handluftpumpe, die einerseits mit dem Boden des Reservoirs und andererseits mit einem Quecksilbermanometer besonderer Einteilung nach Tonnen in Verbindung steht.

Pumpt man, so steigt der Druck so lange, bis er dem der Masutsäule im Reservoir gleichkommt, dann bleibt der Quecksilberspiegel stehen, auch wenn man weiterpumpt, und man kann auf der Skala den Inhalt ablesen.

Gewicht- und Volumenvergleichung.

1 metrische Tonne . . . . =	1000	kg
1 englische oder amerikanische Tonne =	1016,040	„
1 Tonne Seemaß (short ton). . . . . . =	907,185	„
1 russisches Pud . . . . =	16,38046	„
61,5 russisches Pud . . . . =	1000	„
1 Waggon nach rumänischem Maß . . =	10000	„
1 englische Gallone . . . . =	4,543	l
1 amerikanische Gallone . . . . =	3,785	„
1 englisches Barrel . . . . =	186,263	„
(41 englische Gallonen)		
1 amerikanisches Barrel . . . . =	158,970	„
(42 amerikanische Gallonen)		
1 japanisches Koku . . . . =	180,390	„

B. Beton-Reservoire.

Man pflegt im allgemeinen solche Reservoire zylindrisch oder
mit rechteckigem Querschnitt zu bauen und mischt dem Beton
Asphalt, Goudron oder Wasserglas zu. Oft gibt man auch zum
Mörtel Substanzen, welche undurchlässig machen sollen, aber der
Beton widersteht nicht sehr der Zerstörung durch das Öl. Speziell
die organischen Beimengungen sind nicht empfehlenswert, da sie
sich allmählich auflösen. In Deutschland hat man übrigens in
den letzten Jahren recht gute Erfahrungen bei Mineralölen und
Teerölen mit geeigneter Betonmischung gemacht.

Dichtungsverfahren Guttmann. (DRP. 339 582/3 erloschen!)

1. Man tränkt die betonierte Oberfläche mit Wasser, bevor
man einen Überzug von Wasserglas darüber gibt. Das Wasser
macht dicht und stößt das Öl ab, vorausgesetzt, daß es nicht
verdampft, indem man es unter dem Wasserglas-Überzug fest-
hält. Auf diese Weise bildet der Beton keine Risse.

2. Man fügt zum Beton ein hygroskopisches Salz, wie Chlor-
kalzium und überzieht dann mit Wasserglas.

Um zu verhindern, daß das Öl längs der Wände sich hoch-
zieht und so Verluste entstehen, bringt man auf dem oberen
Rande des Betonreservoirs eine kleine Rinne voll Wasser an.

In Amerika baut man speziell für die schweren, asphalthal-
tigen Öle von Kalifornien Betonreservoire bis 160000 cbm. Sie

haben etwa 163 m Durchmesser, 8,30 m Höhe und die Neigung der Wände ist 1 zu 1. Sie werden mit Teerpappe gedeckt.

Transport eines Eisen-Bassins.

Wenn man ein Lager vergrößern will und ein großes Reservoir versetzen muß, ist die Arbeit mit Hebeln verhältnismäßig schwer. Man gräbt alsdann ein langes Bassin in Verlängerung des vorhandenen aus, richtet die neue Basis sorgfältig vor, füllt das neue Bassin mit Wasser und läßt das Reservoir dann auf seine neue Basis hinschwimmen.

31. Die kolloidalen Brennstoffe[1]).

Die großen Vorzüge der flüssigen Brennstoffe vor den festen, die Schwierigkeiten, die man in vielen Ländern hat, die dort vorkommende Kohle in ihrer natürlichen Form zu benutzen, schließlich der hohe Preis und die relative Seltenheit des Erdöles haben schon seit langem die Praktiker und Gelehrten veranlaßt, nach einem Verfahren zu suchen, das die Kohle mit flüssigem Kohlenwasserstoff so kombiniert, daß man die Mischung wie die schweren Öle zerstäuben kann.

Die bekanntesten Brennstoffe haben feste Form wie Steinkohle und Koks. Man hat schon vor einigen Jahren verschiedene Versuche gemacht, um einen flüssigen Brennstoff herzustellen, sei es aus Erdölen und Kohlenstaub, sei es aus Petroleum und Goudron. Aber da weder der Kohlenstaub noch der Goudron sich in Petroleum auflösen, trat schnell Trennung ein und der größte Teil des Kohlenstoffes, der ursprünglich im Petroleum suspendiert war, befand sich am Boden des Behälters. Der Mißerfolg derartiger Versuche hat bald die Erfinder entmutigt.

Zu gleicher Zeit erlaubten die Fortschritte in der Kenntnis der Kolloide, das Problem mit neuen Mitteln anzufassen. Man kann sogar sagen, daß sie erlaubt haben, es völlig zu lösen und dadurch eine ganze Reihe von zerstäubbaren Brennstoffen zu schaffen.

Damit ein solcher Brennstoff praktisch brauchbar sei, muß er auch bei gewöhnlicher Temperatur genügend beweglich sein,

---

[1]) Aus einer Abhandlung 16. 11. 20 der Royal Society of Arts in London, von M. Lindon W. Bates vorgelegt. Vgl. Engl. Patente 159173, 165418—24 (1919—1921).

die erforderliche Beständigkeit haben, um eine gewisse Zeit aufbewahrt zu werden und muß schließlich leicht durch die Rohrleitungen gehen ohne Ablagerungen zu geben, die Verstopfungen hervorrufen könnten.

Bezüglich der Beständigkeit schwanken die Ansprüche je nach dem Verwendungszweck. In manchen Fällen kann eine Haltbarkeit von einigen Stunden genügen, in anderen Fällen muß sie für mehrere Monate ausreichen. Man muß eine solche Haltbarkeit haben, daß die in der Flüssigkeit in Suspension befindlichen Teile sich innerhalb einer angemessenen Zeit, die vom Zweck des Brennstoffes abhängt, weder oben noch unten absetzen. Einerseits ist natürlich eine Mischung von sehr kurzer Haltbarkeit, von besonderen Ausnahmen abgesehen, nur von zweifelhaftem Nutzen, andererseits ist besonders lange Haltbarkeit für den gewöhnlichen Gebrauch nicht nötig. Der Zwang, die Mischung nach längerer Aufbewahrung noch einmal durchrühren zu müssen, ist ebenfalls kein Übelstand. Praktisch gesprochen muß man sagen, daß eine Haltbarkeit von 1—2 Monaten genügt.

Von den verschiedenen vorgeschlagenen Methoden sollen drei besprochen werden:

1. Die Stabilisierung wird mit Hilfe besonderer Zusätze erzielt. Man weiß, daß z. B. Seifenlösungen diese Aufgabe erfüllen können. Es ist bekannt, daß solche Lösungen nicht nur feste Teilchen von kolloidaler Zerteilung sondern sogar wesentlich größere Partikel in Suspension halten. Man kann unter diese Gruppe auch eine schmierige Masse, die aus Kalk und Harz in besonderer Art hergestellt wird, rechnen. Kalk, Harz und Wasser werden dem Petroleum zugefügt, welches gut erwärmt und durchgemischt wird.

2. Man behandelt bituminöse Kohlen unter Zugabe eines gewissen Prozentsatzes von destillierten Produkten wie Goudron, indem man die Mischung wiederholten Erhitzungen und Durcharbeitungen bei einer Temperatur unterhalb des Flammpunktes aussetzt.

3. Durch außerordentlich weit getriebene Zerkleinerung kann man die Kohlen zu kolloidalem Staub verteilen und so eine Stabilisierung in der Flüssigkeit erzielen.

Diese verschiedenen Methoden können natürlich kombiniert werden. Man kommt so zu einer Behandlung, die dem spezifischen Gewicht, der Oberflächenspannung, der Viskosität usw. der verschiedenen Komponenten entspricht. So kann man dem Mineralöl, ohne die Flüssigkeit zu beeinträchtigen, bis 55 % Brennstoffe aus Kohle einverleiben. Man erhält z. B. einen vielseitig anwendbaren flüssigen Brennstoff durch Mischen von 30 % Kohle, 10 % Steinkohlengoudron und 60 % Mineralöl, wozu man ein kleines Quantum Fixativstoff gibt.

Der Prozentsatz an festen Absatzstoffen hängt natürlich von der Behandlung ab. Der erste kolloidale Brennstoff, der bei Versuchen auf dem amerikanischen Torpedoboot Gem angewandt wurde, bestand aus 31 % Pocahontas Kohle, die dem üblichen Masut unter Zuhilfenahme einer kleinen Menge Stabilisators beigefügt war. Die Versuche auf dem Schiffe dauerten 5 Monate. Nach den ersten 3 Monaten hatten sich einige nicht sehr bedeutende Absätze gebildet und es war nötig, um dem Brennstoff seine Eigenschaften wiederzugeben, ein wenig umzurühren. Nach dieser Zeit wurde der Fabrikationsprozeß merklich verbessert. Als Beispiel diene Brennstoff Nr. 15, welcher 38 % Kohle und Kohlenstaub enthält, die in mexikanischem Petroleum aufgeschwemmt sind. Auf Verlangen der englischen Marine haben die Chemiker Dow und Smith in New York verschiedene Versuche über diesen Brennstoff gemacht und dabei festgestellt, daß nach 5 Monaten 2,6 % der festen Substanz ausgeschieden waren und einen Absatz am Boden des Behälters bildeten. Sie haben ferner festgestellt, daß die suspendierten Stoffe die Eigenschaften kolloidaler Körper hatten und die Brownschen Bewegungen zeigten. Wir erwähnen, daß Brennstoff Nr. 16, der 42 % Kohle und Koks in mexikanischem Erdöl enthält, sich noch 8 Monate nach Herstellung sehr gut verbrennen ließ. Während dieser Zeit waren die Gefäße mit dem Brennstoff der Luft, der Kälte und allen Unbillen des Wetters ausgesetzt. Keine andere Behandlung für die Verwendung war nötig als die übliche Vorwärmung.

Vorteile der kolloidalen Brennstoffe. Sie besitzen vor dem Erdöl und der Kohle allein erhebliche Vorzüge.

1. Die Feuersgefahren sind erheblich geringer als bei den einzelnen Substanzen. Die Dichte von kolloidalem Brennstoff mit mehr als 15 % Kohlenzusatz ist über 1. Im Falle eines Brandes kann man also die Flamme mit Wasser löschen, andererseits läßt eine schwache Schicht von Wasser auf der Oberfläche

des Brennstoffes Feuersgefahr während der Aufbewahrung vermeiden. Dieser Umstand ist außerordentlich wichtig; denn da alle anderen flüssigen Brennstoffe (außer Teerölen) leichter sind als Wasser kann man sie so nicht schützen.

(Anmerkung des Übersetzers. Die von der deutschen Marineverwaltung verwandten Steinkohlenteeröle bieten natürlich auch diese Vorteile, da das spezifische Gewicht bedingungsgemäß über 1 sein muß.)

Erfahrung lehrt, daß eine solche Wasserschicht sich länger als ein Jahr an der Oberfläche halten kann. Dabei ist zu bemerken, daß alle Feuerlöschmethoden auf Basis von Dampf oder Wasserzerstäubung ihren Nutzen bei kolloidalem Brennstoff behalten, während sie mit Erdölen versagen. Man hat ferner durch Erfahrung festgestellt, daß der Zusatz einer gewissen Menge von Kohle zum Erdöl den Flammpunkt merklich erhöht und die Abgabe von Dämpfen merklich verringert. Eine genügende Erklärung hierfür fehlt noch. Vermutlich werden die Dämpfe von den Kohlenpartikeln absorbiert. Jedenfalls ist festgestellt, daß die Zerkleinerung dieser Partikel zu kolloidaler Verteilung die Abgabe von Dämpfen beträchtlich vermindert.

Der nachstehend im Auszug gegebene Bericht aus dem Laboratorium der Versicherer in New York beleuchtet ein interessantes Phänomen recht gut. Der Brennpunkt der meisten kolloidalen Brennstoffe schwankt zwischen 120 und 138°. Ihre Anwendung bietet daher sehr viel weniger Gefahr sowohl bei der Handhabung als beim Verbrauch. Daraus folgt, daß man, um die besten Zerstäubungsresultate zu haben, nicht, wie häufig beim reinen Öl, die Temperatur des Flammpunktes zu überschreiten braucht.

2. Gute kolloidale Heizstoffe enthalten bei gleichen Volumen mehr Kalorien als die einzelnen Komponenten. Dies resultiert aus ihrer größeren Dichte. Infolgedessen erhält man einen höheren Wirkungsgrad in all den Fällen, wo es auf den Inhalt des Reservoirs ankommt und nicht so sehr auf das Gewicht. Der Unterschied ist beträchtlich gegenüber dem Petroleum und ist natürlich noch viel größer gegenüber der Anwendung von Kohle.

3. Man kann kolloidale Brennstoffe mit besserer Ausnutzbarkeit als Erdöl allein herstellen. Man kann dies damit erklären, daß die Flüssigkeitsschicht, welche die festen Partikel umhüllt, zuerst verdampft. Die Flüssigkeit in den Poren der Kohlen-

teilchen verdampft dann erst in der Verbrennungskammer selbst, indem sie sozusagen eine explosive Zertrümmerung der Teilchen hervorruft. Jedenfalls ist die gesamte der Oxydation ausgesetzte Oberfläche größer als bei unvermischtem Heizöl.

4. Der kolloidale Brennstoff kann ohne Veränderung bei allen üblicherweise für Erdölheizung verwandten Apparaten verarbeitet werden. Das amerikanische Torpedoboot Gem, bei dem wie erwähnt die Versuche mit kolloidalem Brennstoff gemacht wurden, hatte Heizapparate und Kessel vom Typ Normand für übliche Rohöle. Man konnte beide bis auf ganz unbedeutende Änderungen gebrauchen.

Im Arsenal von Greenpoint bei New York auf dem Festland, wo ebenfalls Versuche gemacht wurden, hat man die vorhandenen Apparate praktisch ohne Veränderung benutzen können. Die Versuche wurden mit verschiedenen Systemen von Brennern, sowohl mit mechanischer als auch mit Dampfzerstäubung durchgeführt. Wenn der kolloidale Brennstoff längere Zeit gelagert werden soll, müssen die Reservoire mit Rührapparaten versehen sein und ähnlich denen, die für Schwerpetroleum Verwendung finden, auch mit Rohrleitungen zum Anwärmen versehen sein, um der Substanz den für das Pumpen erforderlichen Flüssigkeitsgrad zu geben. Bei niederen Temperaturen sind kolloidale Brennstoffe mit etwa 40% festen Teilen bezüglich der Handhabung und Vorwärmung praktisch gleich mit Schwerpetroleum; dagegen können sie nach angemessener Vorwärmung wie leichte Erdöle verarbeitet werden. Im allgemeinen kann man also die kolloidalen Brennstoffe wie Rohöl verwenden.

Wenn es sich allerdings um kolloidalen Brennstoff von pastenförmiger Konsistenz handelt, muß man die Apparatur etwas verändern, im besonderen den Druck, der die Brennstoffe zum Brenner bringt, erhöhen. Bei den durch Pumpen oder Erwärmen verflüssigten breiartigen Brennstoffen genügt es schon, den Druck ein wenig zu erhöhen. Die zur Herstellung der kolloidalen Brennstoffe gebrauchten Apparate sind sehr einfach und ähneln denen der Zementfabriken. Natürlich müssen, wenn eine besonders eingehende Zerkleinerung erzielt werden soll, besondere Mahlwerke verwandt werden, aber für die normalen Qualitäten genügen die üblichen Kohlenbrecher.

Prüfung der Stabilität. Im Juli 1920 wurden im Laboratorium von Dow und Smith in New York Versuche über die

I. Analytische Zahlen über kolloidale Brennstoffe.

	Wasser-gehalt in %		Schwefel-gehalt in %		Aschen-gehalt in %	Spez. Gewicht	Flamm-punkt in °	Verbrennungs-punkt in °
Kolloidaler Brennstoff Nr. 13	1,5	1,5	0,57	0.82	2,61	1,083	130	415
„ „ „ 13b	1,45	1,9	0,84	0,88	3,50	1,101	126	423
„ „ „ 15	5,0	4,8	0,23	0,24	2,71	1,049	134	420
Fixierstoff	8,1	5,85	—	—	—	0,995	98	365
Fixiertes Mineralöl	—	—	3,16	3,19	2,85	0,971	128	368

NB. Wegen Schaumbildung infolge des Wassergehaltes konnte der Flammpunkt nur beim Fixierstoff im Apparat Pensky-Martens bestimmt werden; sonst wurde im offenen Tiegel gearbeitet.

II. Bestimmung der flüchtigen Substanzen: Proben von je 50 g wurden in Porzellangefäßen mehrere Tage auf 40 bzw. 60° C erhitzt. Die Oberfläche der Flüssigkeit betrug 12 Quadratzoll = etwa 85 qcm.

	Bei 40° C					Bei 60° C				
	1. Tag	2. Tag	4. Tag	5. Tag	6. Tag	1. Tag	2. Tag	4. Tag	5. Tag	6. Tag
Fixiertes Mineralöl	4%	2%	0,6%	0,6%	Spuren	5%	2%	1,4%	0,5%	Spuren
Kolloidaler Brennstoff Nr. 13 .	Spuren	Spuren	0,65	Spuren	Spuren	Spuren	Spuren	2%	2%	—
„ „ „ 13b .	—	0,60%	Spuren	—	—	—	—	2%	1,5%	—
„ „ „ 15 .	—	Spuren	—	—	—	—	—	Spuren	2%	—

III. Zusammensetzung der kolloidalen Brennstoffe Nr. 13 u. 14.

	Kohle	Goudron	Fixierstoff	Mexikoöl	Texasöl	Rückstandsöl
Nr. 13	30%	—	1,5%	28,8%	8,5%	31,2%
Nr. 14	30%	12%	1,2%	—	6,8%	50%

IV. Andere Sorte kolloidaler Brennstoff:

61% Heizöl + 38% Kohle von 25,5% Asche.

Fertigprodukt:

10,2% Asche und 162 500 BTU = 9030 Kal.

Haltbarkeit des kolloidalen Brennstoffs Nr. 15 gemacht. 100 cbm wurden so in ein Glas gebracht, daß die Flüssigkeit 15 cm hoch stand. Das Ganze blieb 24 Stunden bei 46° C in Ruhe stehen. Der Brennstoff war damals 5 Monate alt. Nach 24 Stunden nahm man getrennt je eine bestimmte Menge der Flüssigkeit ganz oben und ganz unten. Die Analyse ergab, daß die Flüssigkeit oben 33,8%, unten 36,4% in Benzol unlösliche Stoffe enthielt. Das bedeutet, daß die Flüssigkeit unten 2,6% mehr Kohle enthielt als oben. Dieser Überschuß an Kohlenstoff stellte diejenige Menge dar, die seit der Fabrikation ausgeschieden war. Man darf nicht daraus schließen, daß ein solcher Absatz alle 24 Stunden eintritt. Der Absatz nach weiteren 24 Stunden würde nur ein ganz kleiner Teil dieses berechneten Satzes sein und eben die Mengen Kohle darstellen, die während dieser Periode ausgeschieden wurden. Da der Brennstoff 5 Monate vorher hergestellt worden war, sind in dieser Zeit 2,6% Kohlenstoff unstabil geworden. In Laboratorien der Versicherer von New York sind wiederholt Analysen vorgenommen worden, um den Flammpunkt und den Brennpunkt festzustellen. Sie wurden bei dem kolloidalen Brennstoff Nr. 13 und 15, bei den Fixierungsstoffen und bei dem fixierten Erdöl vorgenommen. Letzteres stellt die Mischung von Erdöl und Fixierungsstoffen dar vor dem Zusatz des Kohlenpulvers.

32. Französische Kritik.

Nach einem ausführlichen Bericht über Versuche in der französischen Marine mit kolloidalen Brennstoffen ergab sich, daß die Versuche nicht ganz so günstig ausfielen, wie es nach der Theorie sein sollte. Bei einem Versuch ergaben sich ziemlich starke Koksbildungen. Es schien nötig zu sein, die Verbrennungskammer wesentlich zu vergrößern. Ebenso scheinen die Brennstoffpumpen kräftiger gebaut werden zu müssen.

33. Allgemeine technische Bemerkungen.

Die in Amerika meist auf dem Markt befindlichen flüssigen Brennstoffe sind erhalten durch Mischung von Erdölrückständen aus Texas, Oklahoma und Mexiko. Diese Mischung bewirkt, daß das Produkt in genügenden Mengen zu vorteilhaften Preisen gekauft werden kann. Die mexikanischen Rückstände selbst sind

wie das Rohöl, aus dem sie stammen, stark schwefel- und asphalt-
haltig. Die erwähnte Mischung, genannt Fuel-Oil A, wie sie in
den Marinen verwandt wird, weist daher wesentliche Differenzen
im Schwefelgehalt (bis 2,5%) auf und hat einen ziemlich hohen
Gehalt an Asphalt. Das Personal muß auf diese beiden Eigenschaften bei der Erwärmung und bei der Anwendung Rücksicht
nehmen.

A. Schwefel.

Die Verbrennung des Schwefels bewirkt die Bildung von
schwefliger Säure. Diese kann durch ihre chemische Wirkung
Angriff und sogar Durchlöcherung der Bleche, Heizröhren und
Rauchleitungen herbeiführen, doch hat die amerikanische Praxis
bewiesen, daß diese chemische Wirkung sehr schwach ist. Trotzdem muß sehr scharf beobachtet werden. So glaubte man feststellen zu können, daß die Wirkung des Schwefels besonders be-
merkenswert sei bei kupfernem Vorwärmen, da schweflige Substanzen die Bildung von Schwefelkupfer bewirken. Es ist ferner
sicher, daß feuchtes Fett, mit schwefliger Säure kombiniert, sehr
starke Abnutzung herbeiführt.

B. Asphalt.

Auf den Asphaltgehalt im flüssigen Brennstoff muß bei der
Erwärmung Rücksicht genommen werden und zwar sowohl bei
der Vorerhitzung als auch bei der Verbrennung.

Um genügend flüssig und genügend leicht zerstäubbar zu
sein, brauchen die Rückstände im allgemeinen eine um so stärkere
Erhitzung, je höher der Asphaltgehalt ist. Andererseits kann zu
weit getriebene Vorwärmung, unter Umständen auch nur bis in
die Nähe des Flammpunktes, eine Zersetzung ähnlich dem Kracken
herbeiführen und kokige Absätze ergeben. Darauf ist besonders
zu achten. Es hat sich gezeigt, daß, um bei einem bestimmten
Öl ein Optimum an Zerstäubungsfähigkeit und ein Minimum an
Rauchbildung zu erzielen, es nötig ist, das Öl bis zu einer bestimmten charakteristischen Temperatur vorzuwärmen. Die Zahl
von $8°$ E. (vgl. oben S. 13) ist nicht absolut genau und gilt nicht
für alle Petroleumderivate. Beispielsweise gilt für Fuel-Oil A mit
einem Flammpunkt von $95°$ die Temperatur von $56°$ als die
beste Erhitzungstemperatur; nimmt man aber die der Viskosität
von $8°$ E. entsprechende Temperatur von $45°$, so ergeben sich

starke Absätze von Asphalt und event. Erlöschen des Brenners. Man muß daher die Erhitzungstemperatur auf einen mittleren Wert zwischen dem Flammpunkt nach Pensky-Martens und der einer Viskosität von 8° E. entsprechenden Temperatur einstellen. Beide Zahlen werden bei der Lieferung des Öles mitgeteilt. Bis auf weiteres soll bei der Erhitzung eine Temperatur von 10° unter dem Flammpunkt im Apparat Pensky-Martens nicht überschritten werden. Dabei wird noch eins bemerkt: der flüssige Brennstoff kann je nach der Art und Länge der Leitungen auf seinem Weg im Vorerhitzer bis zum Kessel sich um 15° abkühlen und um ebensoviel kann er weiter im Brenner abgekühlt werden und zwar infolge des starken Luftstromes und des künstlichen Zuges. Zwischen dem Vorerhitzer und dem Brenner besteht also eine unvermeidliche Abkühlung, die von den äußeren Verhältnissen, Temperatur der Heizräume, Art des Zuges usw. abhängt und die dazu zwingt, die Vorerhitzung sorgfältig so zu führen, daß der richtige Flüssigkeitsgrad im Brennermund erzielt wird. Es empfiehlt sich dabei, die Rohrleitung für das erwärmte Erdöl mit Wärmeschutzmitteln wie Asbest und Kieselguhr zu umkleiden und auch die Brenner mit einem Schutz gegen kalte Luft zu versehen. Ein gewisser Vorteil der Kessel mit geschlossenem Aschenfall liegt darin begründet, daß bei diesen die Brenner nicht so abgekühlt werden, indem die Luft sich bei Berührung mit den Blechen des Heizkessels erwärmt.

C. Einfluß der Zerstäubung.

Es ist sehr wichtig, daß die Zerstäubung vollkommen ist und daß sie gleich vom Brennermunde an erfolgt; dazu muß einerseits der Brennstoff durch angemessene Vorerhitzung genügende Flüssigkeit haben, wie schon gesagt, und andererseits muß der Zerstäuber selbst mechanisch tadellos arbeiten. Letzteres hängt vom Druck, von der Geschwindigkeit der Flüssigkeit und vom Zustand der Düsen ab. Dieser ist besonders zu beachten. Der Zerstäubungskegel muß sich gleich am Brennermunde bilden und muß sich mit ganz feiner Zerstäubung ausbreiten, was leicht durch einen Versuch mit Wasser unter Druck geprüft werden kann. Versuche haben gezeigt, daß die Güte der Verbrennung verhältnismäßig wenig abhängt von etwaigen Unterschieden gegenüber der kritischen Flüssigkeitstemperatur (8° E.), daß sie aber stark beeinflußt wird vom Zustand des Brenners und dem Grad der Zerstäubung, den dieser herbeiführt.

D. Druck.

Infolge seines Asphaltgehaltes bewirkt das Fuel-Oil A ein ziemlich rasches Vollsetzen der Filter, was eine entsprechende Verstärkung des Druckes nötig macht. Man muß die Filter sehr häufig wechseln, um genügende Leistungsfähigkeit und genügende Zerstäubung zu erhalten.

E. Ventilation und Vibration.

Wenn die Luftmengen zur vollständigen Verbrennung des zerstäubten Erdöles nicht genügen, steigt die Rauchmenge. Man beobachtet zu gleicher Zeit starke Vibration, die offenbar von häufigen kleinen Explosionen herrührt, die da statthaben, wo der zerstäubte Brennstoff die genügende Menge Verbrennungsluft findet. Durch vermehrte Luftzufuhr kann man diese Vibrationen beseitigen. In der Praxis ist es zweckmäßig, erst den Gang des Ventilators zu beschleunigen, bevor man die Abgabe durch die Brenner steigert. Experimente der Versuchsanstalt in Toulon haben ergeben, daß man unter besonders guten Bedingungen in einem Kesselsystem Du Temple-Guyot mit geschlossenem Aschenfall bis 291 kg Rohöl pro Kubikmeter Verbrennungskammer verbrennen kann und pro Brenner Typ Du Temple 229 kg. Aus diesen Versuchen ergab sich auch der Einfluß der Luft. Man hat die Erhitzung in ziemlich weiten Grenzen von 42° bis 80° schwanken lassen können, ohne einen bemerkenswerten Einfluß auf die Verbrennung zu spüren. Andererseits trat sofort Rauchbildung ein bei der geringsten Verringerung des Zuges, der 210 mm Wassersäule betrug. Zweckmäßigste Verwendung der vom Ventilator gelieferten Luft scheint daher die wichtigste und wirksamste Vorbedingung für eine gute Verbrennung zu sein.

F. Prüfung der Flamme bei der Verbrennung.

Außer auf vorstehend erwähnte Punkte, die man mit Hilfe des Druckes, des Thermometers, der Rauchbildung und des Zuges kontrollieren kann, muß man auch aufmerksam sein auf die Flamme selbst, auf ihre Farbe, ihre Form und ihre Größe. Die Flamme muß einige Zentimeter vor der Mündung des Brenners sichtbar werden und sich mit leuchtender Fläche ausbreiten, durchsät von Funken, aber ohne Flüssigkeitsstrahlen und ohne abwechselnd helle und dunkle Stellen zu zeigen, die ein Zeichen für ungenügende Vorwärmung, Fehler am Brenner, unregelmäßigen bzw. pulsierenden Druck in der Leitung oder auch Fehler an der Berührungstelle zweier Injektionskegel wären. Übrigens verlangt die Lebensdauer der Apparatur auch, daß die Flamme weder mit dem Mauerwerk noch mit dem Röhrenbündel in direkte Berührung kommt, um Überhitzung zu vermeiden.

G. Leistungsfähigkeit der Brenner.

Aus neueren Versuchen in Toulon folgt, daß für denselben Leitungsdruck die Leistung des Brenners und demgemäß auch die Verdampfungsfähigkeit der Kessel abnehmen kann, wenn die Erhitzungstemperatur des Brennstoffes einen bestimmten Wert überschreitet.

H. Allgemeine Vorschriften[1]).

1. Erdöle von verschiedener Zusammensetzung sollen zu Wasser und zu Lande in allen Lagerstellen getrennt gehalten werden. Wenn es nötig ist, Mischungen vorzunehmen, müssen die physikalischen Konstanten zwecks Benachrichtigung der Schiffe neu genommen werden.

2. Die Filtration muß unabhängig vom Pumpen vorgenommen werden.

3. Etwaige Spuren von Wasser sind sorgfältig zu entfernen. Es hat sich gezeigt, daß mexikanische Erdöle bei $80—90^{\circ}$ einen sehr beständigen Schaum erzeugen, wenn sie wasserhaltig sind, der außerordentlich schädlich für den Ausfluß und die Verbrennung ist.

4. Die Ablieferung von Masut muß nach Qualitäten getrennt erfolgen und unter Vermeidung von Mischungen in den Rohrleitungen.

5. Beim Arbeiten der Heizapparate müssen die Heizzeiten mit verschiedenen Brennstoffen auseinander gehalten werden, um etwaige Korrosionen durch den einen oder anderen festzustellen.

6. Die Brenner eines Kessels müssen mit demselben Erdöl gespeist werden, bis die Vorratsgefäße dieser Qualität erschöpft sind.

---

[1]) NB. Der französischen Marine.

7. Alle Beobachtungen über das Funktionieren sowie über etwaige Schäden, die mit dem Fuel Oil A zu tun zu haben scheinen, sind regelmäßig in die Bücher einzutragen und halbjährlich weiter zu berichten.

Die Versuchsanstalt für flüssige Brennstoffe in Toulon besitzt einen Heizkessel System Guyot-Du Temple von 91 qm Heizfläche, bespült von 3 Heizbrennern System Du Temple. Zur Bedienung sind die üblichen Apparate vorhanden. Der Ventilator, der durch einen Elektromotor mit veränderlicher Geschwindigkeit angetrieben wird, hat eine Druckleistung von 210 mm Wassersäule.

Die Heizanlage enthält alle Instrumente, um die Einzelheiten des Heizprozesses zu messen, z. B.:

Wassermesser,

Ölmesser,

Pyrometer,

Druckmesser und

Kohlensäureanzeiger im Rauch.

34. Wirtschaftsstatistik.

Um ein Bild über die wirtschaftliche Bedeutung der Ölfeuerung zu geben und zu zeigen, welche Fortschritte sie gegenüber der Kohlenheizung bedeutet, seien im nachstehenden einige Zahlen und Notizen, welche Veröffentlichungen der letzten Jahre entnommen sind, zusammengestellt:

Eine Gruppe von kleinen Schiffen, welche den Frachtverkehr über den Kanal bedient, wurde von Kohle auf Ölheizung umgestellt. Dabei ergab sich folgendes:

Kohlenheizung	Ölheizung
Anzahl der Fahrten in 72 Stunden	
10	12
Zeit der Brennstoffaufnahme	
1 Std. für jedesmal 15 t	1 Std. für 80 t
Anzahl der beschäftigten Heizer	
14	4
Durchschnittsgeschwindigkeit	
$18^3/_4$ Knoten	20 Knoten
erzielte Höchstgeschwindigkeit	
$20^1/_2$ Knoten	$21^3/_4$ Knoten.

Wenn man die Zahl für Kohle = 100 setzt so ist für gleiche Leistung bei Ölheizung die Ziffer für das Gewicht 70 und für den Raumbedarf des Brennstoffes $53^3/_4$.

Eine Denkschrift des Shipping Board USA. von 1919 gibt folgende Zahlen:

Ein Frachtdampfer von 6000 t Nutzfracht, der mit 11 Knoten fährt, verbrennt in 24 Stunden 28 t Öl. Während dieser Zeit sind 3 Wasserwärter mit je 8 Stunden Dienst und 3 Heizer mit ebenfalls 8 Stunden Dienst tätig. Die Schichtlöhne betragen $ 3,29 bzw. $ 2,80, Gesamtlohn $ 18,27. Ein gleicher Dampfer brauchte an Kohle 40 t und an Löhnen für die 3 Wasserwärter à $ 3,29 = $ 9,87, für 3 Heizer in je 3 Schichten à $ 2,80 = $ 25,20 und ferner 3 Kohlenschieber à $ 2,15 = $ 6,45. Die Gesamtlohnkosten bei Kohlenbetrieb betragen also $ 41,52 pro Tag d. h. mehr als das Doppelte als bei der Ölfeuerung. Ein weiterer Vorteil ist, daß die Brennstoffaufnahme beim Öl kaum 6 Stunden dauert, bei der Kohle 24 Stunden.

Beim Ozeandampfer Olympic war die für eine Seereise erforderliche Kohlenmenge so groß, daß an deren Einladung 140 Mann 3 Tage zu tun hatten. Bei Ölfeuerung genügte die Tätigkeit von 6 Mann während 6 Stunden.

Für Ölheizung waren 1914 etwa 10 % der Welttonnage eingerichtet, 1923 etwa 25 %.

Die Handelsmarine der Vereinigten Staaten verbrauchte im Jahre 1922 52 Millionen Faß Heizöl, wovon $^1/_3$ einheimischer Provenienz war und $^2/_3$ etwa aus Mexiko stammen. Die Staatliche Marine der USA verbrauchte in der gleichen Zeit etwa 6 Millionen Faß.

Produktion an Rohöl 1923 in Millionen Faß		Geschätzter Vorrat in Millionen Faß
USA.	735 Mill. Faß = 74%	7000
Mexiko	150 „ „ = 14%	4500
Rußland	38 „ „ = 3,8%	6000
Persien	25 „ „ = 2,5%	6000
Holländ.-Indien	15 „ „	3000
Rumänien	11 „ „	6400
Polen	5 „ „	1100
Südamerika	—	10000

Gesamtproduktion 1010 Millionen Faß, geschätzter Vorrat 43000 Millionen Faß.

Der Weltrohölverbrauch wurde 1923 auf 130 Millionen Tonnen geschätzt, davon wurden 110 Millionen Tonnen zu 82 Millionen Tonnen Derivate verarbeitet. Die Differenz diente als Heizöl. Zum Vergleich diene nachstehende Tabelle über die sicheren Kohlenvorräte der verschiedenen Länder in Milliarden Tonnen.

Europa	274	Milliarden Tonnen
Nordamerika	415	„ „
Südamerika	2	„ „
Asien	21	„ „
Australien	4	„ „
Afrika	0,5	„ „

Zusammen etwa 716 Milliarden Tonnen.

Literaturverzeichnis.

Tassart, Dunod und Pinat: Exploitation du Pétrole. Paris 1908.

Beeby Thompson: Oil Field Developpment and Petroleum Mining. London 1916.

L. Jauch: Le Petrole et son Industrie. Paris 1921.

R. Couran: Technique des Petroles. Paris 1921.

Colomer und Lordier: Combustibles Industriels. Paris 1919.

Masméjean und Béréhare: Le Petrole, son utilisation comme combustible. Paris 1920.

Cooper-Key, Redwood und Thomson: Handbook on Petroleum. London 1913.

Hamor und Padyett: The Examination of Petroleum. New York 1920.

Redwood: A Treatise on Petroleum. London 1922.

Engler-Höfer: Das Erdöl. 5 Bände. Leipzig 1919.

Höfer: Das Erdöl und seine Verwandten. Braunschweig.

Holde: Die Untersuchung der Kohlenwasserstofföle. Berlin.

L. Schmitz: Die flüssigen Brennstoffe.

Essich: Die Ölfeuerungstechnik. 2. Aufl.

Sussmann: Ölheizung der Lokomotiven.

F. B. Dunn: Industrial Uses of Fuel Oel. 1916.

Zeitschriften: Feuerungstechnik. Stahl und Eisen. Arch. f. Wärmewirtschaft. Werft Reederei Hafen. Z. V. d. I.

Bureau Veritas: Vorschriften für den Bau und die Klassifikation von Schiffen aus Stahl. Abschnitt V, 52 und IX, 80. 1923.

Germanischer Lloyd: Vorschriften für Klassifikation und Bau von flußeisernen Seeschiffen. 1916/18. Abschnitt 16.

Springer-Verlag Berlin Heidelberg GmbH

Lunge-Berl, Chemisch-technische Untersuchungsmethoden.
Unter Mitwirkung zahlreicher Fachmänner herausgegeben von Ing.-Chem.
Dr. **Ernst Berl,** Professor der Technischen Chemie und Elektrochemie
an der Technischen Hochschule zu Darmstadt. Siebente, vollständig
umgearbeitete und vermehrte Auflage. In 4 Bänden.
Erster Band: Mit 291 Textfiguren und einem Bildnis. (1132 S.) 1921.
Gebunden 36 Goldmark
Zweiter Band: Mit 313 Textfiguren. (1456 S.) 1922.
Gebunden 48 Goldmark
Dritter Band: Mit 235 Textfiguren und XXIII Tafeln als Anhang.
(1393 S.) 1923. Gebunden 44 Goldmark
Vierter Band: Mit 125 Textfiguren. (1164 S.) 1924.
Gebunden 40 Goldmark

Fortschritte in der anorganisch-chemischen Industrie.
An Hand der Deutschen Reichs-Patente dargestellt. Mit Fachgenossen
bearbeitet und herausgegeben von Ing. **Adolf Bräuer** und Dr.-Ing.
J. d'Ans. Erster Band: 1877—1917. In drei Teilen.
I. Teil (1192 S.) 1921. 69 Goldmark
II. Teil. (1447 S.) 1922. 75 Goldmark
III. Teil. (1289 S) 1923. 100 Goldmark

Technologie der Fette und Öle. Handbuch der Gewinnung und
Verarbeitung der Fette, Öle und Wachsarten des Pflanzen- und Tier-
reichs. Unter Mitwirkung von G. Lutz-Augsburg, O. Heller-Berlin,
Felix Kassler-Galatz und anderen Fachleuten herausgegeben von
Gustav Hefter, Direktor der Aktiengesellschaft zur Fabrikation vege-
tabilischer Öle in Triest.
Erster Band: Gewinnung der Fette und Öle. Allgemeiner Teil.
Mit 346 Textfiguren und 10 Tafeln. (760 S.) 1906. Unveränderter
Neudruck. 1921. Gebunden 33,50 Goldmark
Zweiter Band: Gewinnung der Fette und Öle. Spezieller Teil.
Mit 155 Textfiguren und 19 Tafeln. (984 S.) 1908. Unveränderter
Neudruck. 1921. Gebunden 46 Goldmark
Dritter Band: Die Fett verarbeitenden Industrien. Mit
292 Textfiguren und 13 Tafeln. (1036 S.) 1910. Unveränderter Neu-
druck. 1921. Gebunden 50 Goldmark
Vierter (Schluß-) Band: In Vorbereitung

Technologie der Holzverkohlung unter besonderer Berücksichtigung
der Herstellung von sämtlichen Halb- und Ganzfabrikaten aus den
Erstlingsdestillaten. Von **M. Klar,** Holzminden. Zweite, vermehrte
und verbesserte Auflage. (452 S.) 1910. Unveränderter Neudruck.
Mit 49 Textfiguren. 1923. Gebunden 20 Goldmark

Handbuch zum Dampffaß- und Apparatebau. Von Ingenieur
G. Hönnicke. Mit 213 Textabbildungen und 114 Zahlentafeln. (216 S.)
1924. Gebunden 15 Goldmark

Der Betriebs-Chemiker. Ein Hilfsbuch für die Praxis des chemi-
schen Fabrikbetriebes. Von Dr. **Richard Dierbach,** Fabrikdirektor.
Dritte, teilweise umgearbeitete und ergänzte Auflage von Dr.-Ing.
Bruno Waeser, Chemiker. Mit 117 Textfiguren. (344 S.) 1921.
Gebunden 12 Goldmark